例題で学ぶ
Webデザイン入門

工学博士 大堀　隆文 共著
博士(工学) 木下　正博

コロナ社

まえがき

　現在 World Wide Web（=WWW と呼ぶ）を通して，日々膨大な情報がやりとりされている。情報を伝達するための手段として，Web は欠かすことのできないメディアとなっている。パソコンばかりではなく，スマートフォン，iPad，家電製品で Web 情報を利用できる。
　本書は，Web の文書構造を記述する言語である HTML（hyper text markup language）と，文書の体裁やデザインを記述する言語である CSS（cascading style sheet）を駆使して，Web サイトをデザインするための基礎技術を学ぶことを目的とする。
　一方，情報教育を専門とする大学では，プログラミング教育は全学生が受講する必修科目であり，全員がそのコースにて必要とされる最低限の能力や技量を身につけなければならない。しかし，「プログラミングに王道なし」といわれ，どんな教え方をしても学生本人のモチベーションがなければ，プログラミングのスキルを修得することはできない。例えば，北海道科学大学未来デザイン学部メディアデザイン学科では，Web デザイン言語 HTML5 と CSS のための科目を 1 年後期から開講している。ここで重要な要素は，初めてプログラミングに接する学生が興味や面白さを継続して感じ，学習への意欲を保持できるか否かにある。しかしながら，学生の HTML 学習へのモチベーションを保つだけではなく，さらにより興味を湧き立たせる例や課題を用意することは難しい。従来，学生のモチベーションを保つ試みとして，ゲーム作成やペアプログラミングなど，いろいろな方法が試みられているが，従来の課題は面白く興味があるが難しすぎて理解に苦しむというようなことをよく聞く。

また，どの言語にもいえることであるが，プログラミングを教える順序にはさまざまな方法がある。HTML の場合でも，CSS から教える，リストや表から教えるなどの方法がある。どの方法も一長一短があるが，学生全員が落伍しないでプログラミングを楽しんで覚えるためには，CSS のない簡単な HTML から始めるのがベストであると考える。

　また，従来のテキストの例や課題は面白みに欠け，無味乾燥の課題であった。本書では，学生が興味の引きそうな例や課題を多く開発し，学生のモチベーションを保ちながら HTML の基礎を習得することを目的とする。本書で開発した例と課題は，どのようにして学生の興味を引くかという観点から次の4つのカテゴリに分かれる。

（1）　身近な話題を含む課題

　学生が思わず引き込まれていくような，学生に密接な関係のある大学や地域の話題を課題の中に取り入れる。

（2）　アイドル名を含む課題

　今はやりで学生に人気のあるアイドルを課題の中に登場させる。

（3）　季節感のある課題

　クリスマスなどの講義の開講時期に合わせた課題により学生の興味を引く。

（4）　ゲーム風プログラムの課題

　現在の学生の大半が興味を引くゲームそのものまたはゲームの一部を体験させる。

　本書は以下の 13 章から構成される。1 章はホームページと HTML の仕組みと特徴からなり，2 章は無料で世界で多くの人が使用している HTML プログラム開発環境である Eclipse について述べる。すなわち，Eclipse の概要，Eclipse のインストール，Eclipse による簡単なプログラム作成方法について述べる。3 章では HTML の基本構造として，html タグ，head タグ，body タグなどを述べ，さらにタグによるテキスト修飾として，見出しタグ，段落タグ，下付き上付きタグなどを述べる。4 章では画像の表示を述べる。5 章ではリストの作成，6 章では色の導入を述べる。7 章ではリンクの指定，8 章ではテーブ

ルによる表の作成を述べる。9章では動画や音楽などのマルチメディア表現，10章ではCSSでホームページの見栄えを細かく指定する方法を述べる。11章では2段組や3段組などの段組テクニックを述べる。12章ではHTMLとCSSのまとめを述べ，練習として自分自身のホームページを作成する。13章ではホームページを動的に動きのあるものにするためJavaScript言語について述べる。

　本書は大学などの講義においても使用できるように，それぞれの章において例となるプログラムと課題を用意している。例のプログラムは実際に入力し，実行してみることでプログラムの流れを確認することができる。課題はプログラムを作成するものであるが，解答例をコロナ社のWebページ（p.59参照）からダウンロードすることができ，自分で作成したプログラムと比較し学習することができる。また，表示結果がカラーのものについても，Webページからダウンロードすることができる。

　難しいと思われているHTMLプログラミングは，もしモチベーションが下がればさらに難しいものとなる。本書はモチベーションを保つ試みの一つとして，学生が興味をもちそうな例と課題を作成した。本書を読んで一人でもプログラミングが好きな学生が現れることを願ってまえがきとする。

　最後に，われわれをいつも陰からサポートしてくれている妻の大堀真保子，木下倫子に最大の感謝の意を表したい。彼女らの支えがなければこのテキストを完成することはできなかっただろう。

2016年8月

著者を代表して　大堀　隆文

目　　　次

1.　ホームページと HTML の基本
1.1　ホームページが見える仕組み ……………………………………………………… *1*
1.2　ホームページを見るには ……………………………………………………………… *1*
1.3　ブラウザの役割 ………………………………………………………………………… *2*
1.4　ブラウザと Web サーバとのやり取り ……………………………………………… *2*
1.5　インターネット用語の説明 …………………………………………………………… *3*

2.　Eclipse による HTML プログラム開発
2.1　Eclipse と は ……………………………………………………………………… *6*
2.2　Eclipse のインストール ……………………………………………………………… *7*
2.3　Eclipse と Pleiades のインストール（日本語化）………………………………… *8*
2.4　Eclipse による簡単プログラミング ………………………………………………… *11*

3.　HTML の基本構造とテキスト修飾
3.1　構　造　タ　グ ………………………………………………………………………… *18*
3.2　見出しの表示（タグ <h1> ～ <h6>）……………………………………………… *19*
3.3　段落の作成（<p> ～ </p>）………………………………………………………… *19*
3.4　改行の挿入（
）………………………………………………………………… *20*
3.5　下付き <sub> と上付き <sup> 文字 ………………………………………………… *22*
　　3.5.1　下付き文字 <sub> ……………………………………………………………… *22*

目次

- 3.5.2 上付き文字 \<sup\> 23
- 3.6 入力通りに文字列表示 \<pre\> 24
- 3.7 その他のタグ 25
  - 3.7.1 タグ \<hr /\> 25
  - 3.7.2 タグ \<strong\> 26
  - 3.7.3 タグ \<small\> 27

4. 画像の表示

- 4.1 画像利用の準備 30
- 4.2 画像ファイルの作成方法 31
- 4.3 ホームページでの使用画像 32
- 4.4 画像の表示タグ 33
- 4.5 画像ファイルの挿入方法 33
- 4.6 \<img\> タグの align 属性 36

5. リストを作る

- 5.1 順番のないリスト 39
- 5.2 順番のあるリスト 41
- 5.3 順番のあるリストの番号を変える 42

6. 色の導入

- 6.1 色名による色の指定 43
- 6.2 色の3原色 43
- 6.3 背景色 \<bgcolor\> 44
- 6.4 文字色 \<color\> 45

7. リンクの指定

- 7.1 リンクとは 50

   7.1.1　リンクのタグ ……………………………………………… 51
   7.1.2　同一フォルダのファイルにリンク ………………………… 51
 7.2　相対パスと絶対パス ……………………………………………… 52
   7.2.1　階層が違うファイルへの相対パス ………………………… 53
   7.2.2　異なるフォルダの相対パス（基準ファイルをEx08.htmlとする）……… 53
   7.2.3　絶対パスの指定方法 ………………………………………… 55
 7.3　画像にリンクを貼る ……………………………………………… 56

8.　表　の　作　成

 8.1　表　と　は ………………………………………………………… 60
 8.2　表の基本タグ ……………………………………………………… 61
 8.3　表　の　罫　線 …………………………………………………… 65
 8.4　表　の　背　景　色 ……………………………………………… 69
 8.5　表セルに画像表示 ………………………………………………… 71
 8.6　表セルにリンク …………………………………………………… 72

9.　マルチメディアの表現

 9.1　PDF　の　表　示 ………………………………………………… 76
 9.2　動　画　の　再　生 ……………………………………………… 78
 9.3　音　楽　の　再　生 ……………………………………………… 80

10.　CSSの指定方法

 10.1　CSS（スタイルシート）の役割 ………………………………… 85
 10.2　CSSの指定方法 …………………………………………………… 86
   10.2.1　内部組込みCSSの指定方法 ………………………………… 86
   10.2.2　外部CSSファイルの指定方法 ……………………………… 87
 10.3　背　　　　景 …………………………………………………… 88
 10.4　文　　字　　色 ………………………………………………… 89

10.5 文字位置 90
10.6 文字サイズ 92
10.7 フォントの変更 93
10.8 セレクタ 98
10.9 ボックスモデル 109
   10.9.1 ボックスモデルとは 109
   10.9.2 ボックスモデルの構成要素 109
   10.9.3 ボックスモデルの関係 110
   10.9.4 ボックスモデルの適用タグ 110

11. ページの段組テクニック

11.1 divタグの導入 122
   11.1.1 使い方 122
   11.1.2 div タグのプログラム例1 123
   11.1.3 div タグのプログラム例2 124
11.2 2段組レイアウト 126
   11.2.1 2段組レイアウトとは 126
   11.2.2 1段組レイアウトの例 126
   11.2.3 左側ブロックに幅設定（50％） 127
   11.2.4 2段組レイアウト 128
11.3 3段組レイアウト 135
   11.3.1 3段組レイアウトとは 135
   11.3.2 3段組の作成例1（全段幅を％指定） 135
   11.3.3 3段組の作成例2（2段のみ段幅が％指定） 137
   11.3.4 3段組の作成例3（両端の段幅のみ px で固定） 138
   11.3.5 3ブロック左寄せ footer 解除（やや複雑なレイアウト） 140
   11.3.6 別ブロック2段組 141
   11.3.7 2段組レイアウトの例 144
11.4 ホームページの背景画像 145

12. HTML と CSS のまとめ

12.1　HTML のタグのまとめ …………………………………… 156
12.2　CSS のプロパティと値のまとめ …………………………… 157

13. JavaScript

13.1　JavaScript とは …………………………………………… 163
　13.1.1　JavaScript の指定方法 ………………………………… 163
　13.1.2　JavaScript のオブジェクトとは ……………………… 164
13.2　JavaScript の制御構造 …………………………………… 166
　13.2.1　反　　復　　文 ………………………………………… 166
　13.2.2　判　　断　　文 ………………………………………… 170
13.3　JavaScript のイベント処理 ……………………………… 171

あ　と　が　き ……………………………………………………… 178
索　　　　　引 ……………………………………………………… 179

ホームページと HTML の基本

ここでは，ホームページ記述言語である HTML とはどういうものか，またホームページが見える仕組みなどを述べる。

1.1 ホームページが見える仕組み

現在，World Wide Web（= WWW と呼ぶ）を通して，日々膨大な情報がやりとりされている。情報を伝達するための手段として，Web は欠かすことのできないメディアとなっている。また，Facebook や Twitter などのソーシャルメディアの普及により，個人による情報発信が盛んになってきた。本書の目的は，Web の文書の構造を記述する HTML（hyper text markup language）と HTML により構造化した文書をデザインする CSS（cascading style sheet）を駆使して，Web サイトをデザインするための基礎技術の習得である。

1.2 ホームページを見るには

ホームページを見るには，インターネットの接続環境（プロバイダ）と Internet Explorer，Mozilla Firefox，Google Chrome，Safari などのブラウザが必要である。ブラウザの役割は，指定アドレス（URL：uniform resource locator）をインターネット上の Web サーバから探し，必要な HTML や画像ファイルを取得・解析して画面表示することである。ブラウザのアドレスバーにこの URL（**図 1.1**）を入れると，Yahoo! のホームページが表示される。

2   1. ホームページと HTML の基本

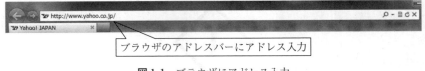

図 1.1　ブラウザにアドレス入力

1.3　ブラウザの役割

　ここで，URL はインターネット上のファイルの場所を表し，通常 http:// から始まる。

　　URL の例　　http://www.yahoo.co.jp/

http とは，hyper text transfer protocol の略で，ブラウザと Web サーバとの通信手順（プロトコル）を表す。プロトコルとは情報がスムーズに伝達するための取り決めである。例えば，会議で皆が好き勝手に発言すると混乱するので，議長を決めて会議を進行させることに対応する。また，片方ずつしか話せない無線機でうまく会話するために，最初に呼び出し，発言権を相手に渡すために「どうぞ」と言う，通信の終わりの言葉，などの取り決めをするのがプロトコルである。

1.4　ブラウザと Web サーバとのやり取り

　次にブラウザと Web サーバとの情報のやり取りを簡単に説明する。**図 1.2** において，まず手順 1 でブラウザ側が URL を Web サーバ側に送り，Web ページをリクエストする。次に手順 2 で Web サーバにおいて URL を解釈し，HTML と CSS をブラウザ側に送る。同様に手順 3 で画像ファイルなどをブラウザ側に送る。最後に手順 4 でブラウザ側では送られてきた HTML，CSS や画像ファイルを解釈し組み立てブラウザに表示する。これらをまとめると，ブラウザを B，サーバを S とし，図 1.2 のような手順になる。

手順1（B→S）URL より Web ページをリクエスト
手順2（B←S）Web サーバより HTML と CSS 転送
手順3（B←S）Web サーバより画像ファイル転送
手順4（B）HTML や CSS を解釈・組み立てブラウザに表示

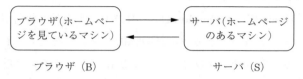

図1.2　ブラウザにホームページを表示する仕組み

1.5　インターネット用語の説明

　インターネット関連を学ぶときにはさまざまな専門用語が出てくる。すべてをすぐに覚える必要はないが，覚えておくと本書の理解が加速すると思う。以下によく使われるインターネット用語を示す。

　① **インターネット**　　HTTP プロトコルにより相互接続されたコンピュータネットワーク。世界中のコンピュータを接続してお互いに情報を提供する仕組みで，電子メールも含まれる。アメリカ国防総省は，核戦争時に従来の通信網では中継基地が破壊されるとまったく機能しなくなるので，コンピュータを分散させて相互接続させたのがインターネットの始まりである。

　② **WWW（World Wide Web）**　　インターネット上のハイパーテキストシステム。インターネットでホームページを利用するための仕組みで，単にWeb（クモの巣）ともいう。World Wide Web はコンピュータが世界中に張り巡らされている状況を表現している。

　③ **ハイパーテキスト**　　コンピュータを利用した文書システムで，他の文書の位置情報を組み込むことにより複数文書を相互連結する仕組み（クリックすると他の文書に飛ぶ）。閲覧ソフト（ブラウザ）を使い文書表示すると，リンクをたどり次々と文書を表示できる。

　④ **HTML（hyper text markup language）**　　Web を表示するためのマー

クアップ言語。ホームページを作成する言語で，Internet Explorer などのブラウザはこの言語を理解して文字や画像を表示する。HTML で書かれたファイルは "htm" や "html" の拡張子がつく。

⑤ **CSS**（**cascading style sheet**）　　HTML の見た目を装飾（デザイン）する。Web ページはマークアップ言語 HTML で文書を記述し，レイアウトや文字装飾は CSS 言語を用いスタイリッシュな Web をデザインする。

すなわち，HTML がページの構造（コンテンツを含む）を指定するのに対して，CSS は HTML の見た目をデザインする。詳しい CSS 言語の使用方法は 10 章以降で述べるので中身は今は理解しなくてもよいが，図 1.3 に CSS を使用しないページと CSS を使用したページを比較のために示す。

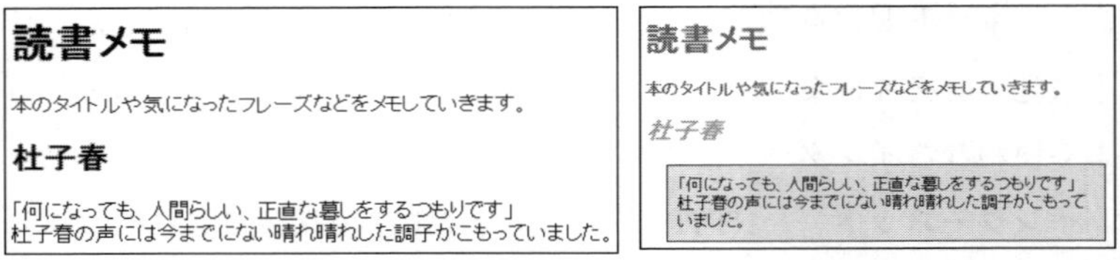

（a）CSS を使用しない状態　　　　（b）CSS を使用した状態

図 1.3　CSS の有無による Web ページの違い

同じく CSS を使用しないページと CSS を使用したページのソースコードを比較のために示す。

（CSS を使用しないページ）

```
<!DOCTYPE html>  <html>
        <head> <meta charset="UTF-8" />  </head>
<body>
        <h1> 読書メモ </h1>
        <p> 本のタイトルや気になったフレーズなどをメモしていきます。
</p>
        <h2> 杜子春 </h2>
        <div>「何になっても、人間らしい、正直な暮しをするつもりです」
        <br />
```

杜子春の声には今までにない晴れ晴れした調子がこもっていました。
        </div>
</body>   </html>

（CSS を使用したページ）

```
<!DOCTYPE html>   <html>
      <head>
        <meta charset="UTF-8" />
        <style type="text/css">
          h1 { color : red; }
          h2 { font-style :italic ;    color : violet; }
          p  { color : #3366ff;    font-weight : bold; }
          div { border: solid 1px;    background-color: #E7E7E7;
          width    : 400px; padding   : 10px;
          margin-top : 20px; margin-left: 20px; }
        </style>
</head>
<body>
        <h1> 読書メモ </h1>
        <p> 本のタイトルや気になったフレーズなどをメモしていきます。
        </p>
        <h2> 杜子春 </h2>
        <div>「何になっても、人間らしい、正直な暮しをするつもりです」
        <br />
        杜子春の声には今までにない晴れ晴れした調子がこもっていました。
        </div>
</body>    </html>
```

Eclipse による HTML プログラム開発

本章では，HTML のプログラムを作成，実行し結果を得るための簡単な準備について説明する。HTML のプログラムを作成する方法はいくつかあるが，ここでは Eclipse（エクリプス）という開発環境を利用した方法を紹介する。

2.1 Eclipse とは

Eclipse はオープンソースで開発されている複数言語向けの統合開発環境で，現在では Java や HTML 開発におけるデファクトスタンダード（標準化機関による公的標準ではなく，市場の実勢により事実上の標準とみなされる製品）となっている。この統合開発環境が登場する以前は，多くの HTML プログラマはテキストエディタを用いてキーボードから入力し，それをブラウザを用いて表示してきた。プログラミングの初期ではプログラムを作成し，結果をブラウザで確認するのがほとんどの作業である。Eclipse ではこれらの作業を一つの画面の中で比較的簡単に行うことができる。

Eclipse はもともと IBM 社が開発していた統合開発環境を 2001 年に Eclipse ファンデーションに寄贈し，オープンソース化したことから誕生した。高速で動作すること，プラグインによる拡張性，ビルド操作（多くのプログラムをまとめて管理する機能）の効率性，即時エラー報告や入力補完など実にさまざまな機能をもつ。このことから，当時の商用の統合開発環境システムと比較しても遜色のないものであった。その後，多くの有志の手によってさまざまなプラグインが作られるなど開発が継続され，現在ではシステム開発者の標準的な環

境となっている。

　Eclipse はもともとさまざまなプログラミング言語向けの開発ツールのための統一された基盤の提供を目的としていた．そのため，Eclipse 上で C/C++, COBOL, Python, Ruby, PHP, Java, HTML などの言語を開発するためのプラグインが存在する．

　以上のように，Eclipse は企業でも業務システムを開発する際に欠かすことのできない統合化されたプラットフォームとなっている．

2.2　Eclipse のインストール

　Eclipse で HTML プログラムを開発するには，事前に Internet Explorer などのブラウザをインストールする必要がある．Eclipse は eclipse.org のダウンロードページから入手することができる．ダウンロードページの URL は以下である（図 2.1）．

　　http://www.eclipse.org/downloads

ページの中に出てくる IDE とは integrated development environment の頭文字

図 2.1　Eclipse のダウンロードページ

8 2. EclipseによるHTMLプログラム開発

をとったもので，統合開発環境を意味する。

この Eclipse のサイトからダウンロードした場合，ユーザインタフェースなどの言語環境は英語であるので，日本語の環境とするためには別途日本語のプラグインを導入する必要がある。以前は Eclipse とプラグインの導入を別々に行っていたが，現在はオールインワンでプラグインを開発している団体から入手することができる。なお，英語の環境を使用したい場合は，ここまでのステップで HTML プログラミングを Eclipse 環境で行うことができる。

2.3 EclipseとPleiadesのインストール（日本語化）

Pleiades という日本語のプラグインを提供している MergeDoc Project のサイトから，日本語プラグインを実装している Eclipse を入手することができる。これを Eclipse /Pleiades All in One 日本語ディストリビューションといい，下記のサイトからダウンロードすることが可能である（**図 2.2**）。

 http://mergedoc.sourceforge.jp/

この Pleiades All in One は開発対象となるプログラミング言語別にパッケージングした Eclipse 本体と便利なプラグインのセットで，ダウンロードしたzip ファイル（圧縮ファイル）を解凍し，eclipse.exe を起動すればすぐに日本

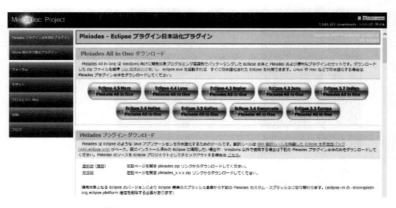

図 2.2　Pleiades-Eclipse のトップページ

2.3 Eclipse と Pleiades のインストール（日本語化）

語化された Eclipse を利用できる。なお，Pleiades All in One の対象 OS は Windows のみであるので注意が必要である。最新のものは，Eclipse Indigo Pleiades All in One であるので，その zip ファイルをダウンロード展開し，フォルダごと任意のディスク領域に置く。このフォルダの中の Eclipse 実行ファイルを起動すると，日本語化された Eclipse を使用することができる。なお，すでにインストール済みの Eclipse に Pleiades のプラグインを追加する方法については，上記サイトから参照することができる。

具体的なインストール手順は下記のように行う。

① **ダウンロード**　トップページで「Eclipse4.4 Luna Pleiades All in One」のアイコンをクリックする。**図 2.3** のような画面に移動するので，HTML の部分の「Full All in One（JRE あり）」の「Download」アイコンをクリックし，適当な場所（フォルダ）に保存する。

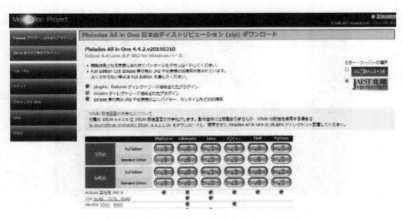

図 2.3　Pleiades-Java のダウンロード画面

② **解　　凍**　保存されたファイル（zip 形式）をダブルクリックすると自動解凍を始めるが，デフォルトでは c:¥pleiades というフォルダに解凍されるので，変更する場合は新たに指定する。解凍が終了すると c ドライブに pleiades というフォルダが出来上がるので確認する（**図 2.4**）。

10　　2. EclipseによるHTMLプログラム開発

図2.4　pleiadesフォルダの内容　　図2.5　eclipseフォルダの内容

③ **Eclipse起動**　　eclipseのフォルダを開くと図2.5のようなファイルが確認できるので，eclipseのアイコンをダブルクリックする。Eclipseが起動され，起動画面が表示される（図2.6）。

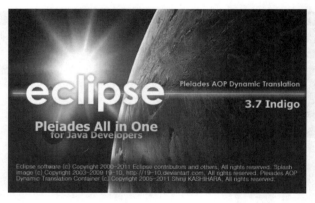

図2.6　Luna Pleiades All in One Eclipseのダウンロードページ

④ **ワークスペース（workspace）の選択**　　プログラムソースファイルなどのプロジェクトの保存場所を指定するために，ワークスペースフォルダを作成する。デフォルトではeclipse実行ファイルと同じフォルダ内にworkspaceというフォルダを作成する（図2.7）。別の場所に保存したい場合には画面内で指定する。

2.4 Eclipseによる簡単プログラミング　　11

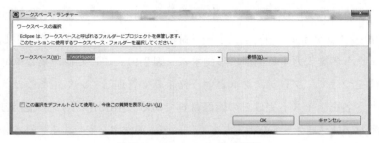

図 2.7　ワークスペースの選択

⑤ **Eclipse 初期画面**　　Eclipse が正常に起動されると，プルダウンメニューなどが日本語化された統合開発環境の画面が表示される（**図 2.8**）。今後の HTML プログラミングはすべてこの画面を用いて行う。

図 2.8　Eclipse-Pleiades の初期画面

この Eclipse-Pleiades ウィンドウのことをワークベンチウィンドウと呼ぶ。中央の部分がエディタと呼ばれる領域で，ここにプログラムコードを入力していく。

2.4　Eclipse による簡単プログラミング

Eclipse と Pleiades のインストールが済んだところで，Eclipse による簡単なプログラミングの流れを試してみる。

① **プロジェクトの作成**　まずプロジェクトというものを作成しなければならない。「ファイル」→「新規」→「静的 Web プロジェクト」を選択し，プロジェクト名を入力する画面に移動する（**図 2.9**）。ここでは作業の単位ごとに名前をつけて，プロジェクトという枠組みで管理していく。ここではプロジェクト名をテキスト完成日の西暦月日である 20161019 とする（**図 2.10**）。日本語のプロジェクト名を指定してもよいが，英文字を推奨する。日本語プロジェクト名にするとワークスペース内のフォルダ名が日本語になるので，直接指定するときに半角，全角の切り替えが必要だからである。

図 2.9　静的 Web プロジェクト作成

図 2.10　プロジェクト名の入力

2.4 Eclipse による簡単プログラミング   13

② **プロジェクト作成の確認**　プロジェクトが正常に作成されると，左上のパッケージウィンドウにプロジェクト名が表示され，「workspace」フォルダの中に「20161019」というフォルダが作成される（**図 2.11**）。HTML プログラミングでは，このフォルダの中に HTML のプログラムが「.html」という拡張子をもつファイルとして保存される。また，プログラムで画像を扱うときは，使用する画像データをこのフォルダの中に置いておくと，プログラムから呼び出して使用することができる。

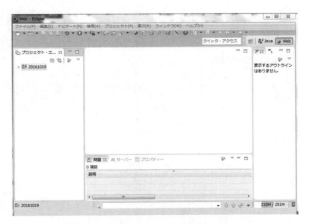

図 2.11　プロジェクト 20161019

③ **プログラムの作成**　プロジェクト 20161019 の上にカーソルを移動し，右ボタンを押し「新規」→「HTML ファイル」を選択する。ファイル名の欄に「First」と入力し，「完了」をクリックする（**図 2.12**）。こうすると，**図 2.13**のように編集画面に HTML の枠組みが自動的にできる。

ホームページに「初めてのホームページ完成！」という文字列を表示するHTML を作成する。この段階ではプログラムの枠組みだけであるので，エディタ画面でプログラムコードを入力修正する。ここでは <body> と </body> の間に「初めてのホームページ完成！」と入力する（**図 2.14**）。

編集画面の HTML プログラム（今回は First.html）を右クリックして，「次で開く」→「Web ブラウザー」をクリックすると，**図 2.15** のように編集画面

14　2. Eclipse による HTML プログラム開発

図 2.12　HTML ファイル名 First の入力

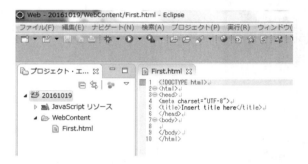

図 2.13　自動作成される HTML の枠組み

```
<!DOCTYPE html>
<html>
<head>
<meta charset="UTF-8">
<title>Insert title here</title>
</head>
<body>
初めてのホームページ完成！
</body>
</html>
```

図 2.14　初めての HTML プログラム

2.4 Eclipse による簡単プログラミング

図 2.15　First.html の作成

図 2.16　プログラムの実行

の場所に HTML ファイルが解釈されて図 2.16 のホームページが表示される。

④ **デバッグ**　エラーがある場合，エディタ画面にエラーが表示される。エラーにはさまざまなものがあるが，エラーの可能性のある単語には赤い波線がつく。図 2.17 では charset のスペルミスと最後のタグ </body> の終了タグ「>」忘れのため赤い波線がついている。

以上のように，Eclipse と Pleiades の環境を導入することにより，無料でかつ非常に質の高いプログラム開発を行うことが可能となる。以下の課題は，エディタ Eclipse により HTML5 と CSS で Web ページを作成し，ブラウザでWeb ページを表示する。ヒントを参考にホームページを作成し，ブラウザによる表示結果と HTML 文書をワードに貼りつけ一つのファイルにまとめる。

2. EclipseによるHTMLプログラム開発

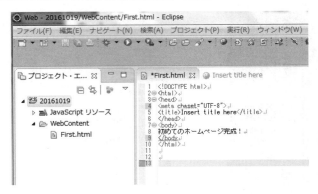

図2.17 エ ラ ー 表 示

【課題1】 次のプログラムを作成し，htmlファイルと表示結果を画面キャプチャしてワードに貼りつけ提出しなさい。

[HTMLプログラム]

```
<!DOCTYPE html>
<html>
<head>
<meta charset="UTF-8">
<title>Insert title here</title>
</head>
<body>
初めてのホームページ完成！
</body>
</html>
```

[表示結果]　初めてのホームページ完成！

HTML の基本構造とテキスト修飾

　本章では HTML5 の出現によりかなり簡素化された HTML の基本構造と，HTML で用いる簡単なタグによる文字修飾の例を述べる。まず，ほぼすべての HTML 文書で使われる基本構造を述べる。**図 3.1** に典型的な HTML 文書の構造，**図 3.2** に図 3.1 の表示結果を示す。

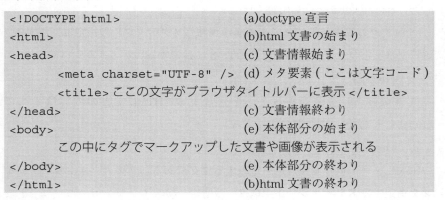

図 3.1　HTML の文書構造

図 3.2　図 3.1 の HTML の表示結果

3.1　構　造　タ　グ

HTMLの構造を作るための次の6個の構造タグが存在する。

　　`<!DOCTYPE>` `<meta>` `<html>` `<head>` `<body>` `<title>`

本節では各構造タグについて述べる。

① `<!DOCTYPE>`

HTMLにはさまざまなバージョン（HTML4，XHTML，HTML5など）があり，DOCTYPE宣言により作成した文書がHTML5であることをブラウザに伝える（実際上はなくてもほぼ問題ない）。

② `<meta charset="UTF-8" />`

metaタグは文書に関するさまざまな情報（メタデータ）の指定に使用する。ここでは文字コード（charset）をUTF-8に指定する。

③ `<html>`

文書がHTML文書であることを宣言する。HTML文書の内容はすべて`<html>`～`</html>`の間に記述する。

④ `<head>`

HTMLファイルの文書構造を定義するタグである。文書のタイトルやデザインを指定するスタイルシート（CSS）の情報，検索エンジン用のキーワードなどを記述する。

⑤ `<body>`

文書構造を定義するタグで，文書の本体部分を記述する。タグ内の内容がブラウザを通してホームページとして表示される。

⑥ `<title>`

タグ内の文字列はホームページを閲覧しているブラウザのタイトルバーに表示される。ブックマークや検索エンジンの検索結果のタイトルとして表示される。

3.2 見出しの表示（タグ **<h1>** ～ **<h6>**）

　ワープロ文章同様，Web ページでも段落に見出しレベルを指定できる。その後の内容に対する見出しを表す。見出し要素は h1 のほかに，h2 ～ h6 のレベルがある。数字は見出しの大きさを表し，<h1> が一番大きく <h6> が一番小さい。太字の設定がされ，段落の前後に改行が入る。

【例 3.1】 見出し要素 **<h>** のサンプル

[**HTML** プログラム]　　　　　　　　　　　　　　　　　[表示結果]

```
<!DOCTYPE html>
<html>
<head>
        <meta charset="UTF-8">
        <title>見出しサンプル</title>
</head>
<body>
        <h1>パンダについて</h1>
        <h2>生息地</h2>
        <h2>生態</h2>
        <h2>歴史</h2>
        <h3>歴史</h3>
        <h4>歴史</h4>
        <h5>歴史</h5>
        <h6>歴史</h6>
</body>
</html>
```

3.3 段落の作成（**<p>** ～ **</p>**）

　タグ <p> は段落を表す。段落とはまとまった文章のこと。終わると自動改

行し，段落前後は１行空く．

【例 3.2】 段落要素 <p> のサンプル

[**HTML プログラム**]

```
<!DOCTYPE html>
<html>
<head>
    <meta charset="UTF-8">
    <title> 段落サンプル </title>
</head>
<body>
    <h2> 天の梯 </h2>
    <p> 朝目覚めて引き戸を開けると、目の前の通りに、赤や黄、橙などの錦織の帯が敷かれていた。
    </p>
    <p> 瞳を凝らせば銀杏や桜、紅葉に楓の落葉と知れる。</p>
</body>
</html>
```

[表示結果]

> **天の梯**
>
> 朝目覚めて引き戸を開けると、目の前の通りに、赤や黄、橙などの錦織の帯が敷かれていた。
>
> 瞳を凝らせば銀杏や桜、紅葉に楓の落葉と知れる。

3.4 改行の挿入（
）

　タグ
 は改行を表し，
 と書くこともある．他のタグと異なり
 を単独で用いる．<p> タグと違って前後を１行空けない．段落を表すためには，
 を連続して使用せず，段落を表す <p> 要素を使用することを勧める．

【例 3.3】 改行
 のサンプルプログラム
[HTML プログラム]

```
<!DOCTYPE html>
<html>
<head>
    <meta charset="UTF-8">
    <title> 段落サンプル </title>
</head>
<body>
    <h2> 今日の出来事 </h2>
    <p> 今日の帰り道で見かけたカフェがいい雰囲気だったので、今度本を持って行ってみよう。</p>
    <p>Cafe es<br />
       東京都港区麻布十番 0-0<br />
       あすなろビル 1F</p>
</body>
</html>
```

[表示結果]

今日の出来事

今日の帰り道で見かけたカフェがいい雰囲気だったので、今度本を持って行ってみよう。

Cafe es
東京都港区麻布十番0-0
あすなろビル1F

【課題 2】 図 3.3 の表示になるような HTML ファイルを作成し、ブラウザ表示とともに提出しなさい。

・ヒント 1：今日の出来事は <h2>，著者情報は <h3> で囲む。
・ヒント 2：今日の出来事と著者情報の段落はそれぞれ <p> で囲み，段落内の各行は
 または
 で改行する。

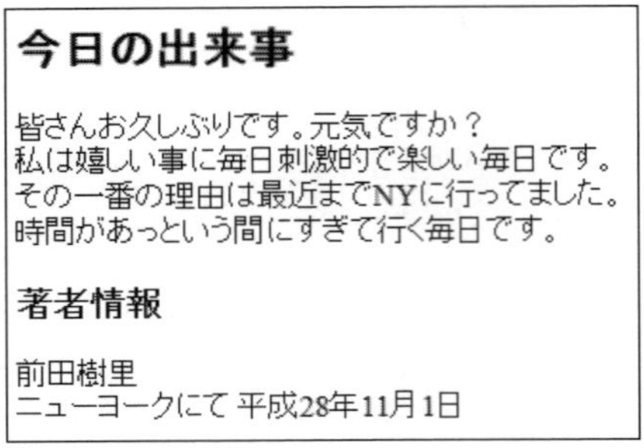

今日の出来事

皆さんお久しぶりです。元気ですか？
私は嬉しい事に毎日刺激的で楽しい毎日です。
その一番の理由は最近までNYに行ってました。
時間があっという間にすぎて行く毎日です。

著者情報

前田樹里
ニューヨークにて 平成28年11月1日

図 3.3　課題2の表示結果

【課題 3】　**図 3.4** の表示になるようなHTMLファイルを作成し，ブラウザ表示とともに提出しなさい。

・ヒント1：タイトルは `<h3>` で囲む。

・ヒント2：見出しとBKA情報は全体を `<p></p>` で囲む。

・ヒント3：BKA情報の各行は `<br />` で改行する。

・ヒント4：文中の空白は全角空白を用いる。

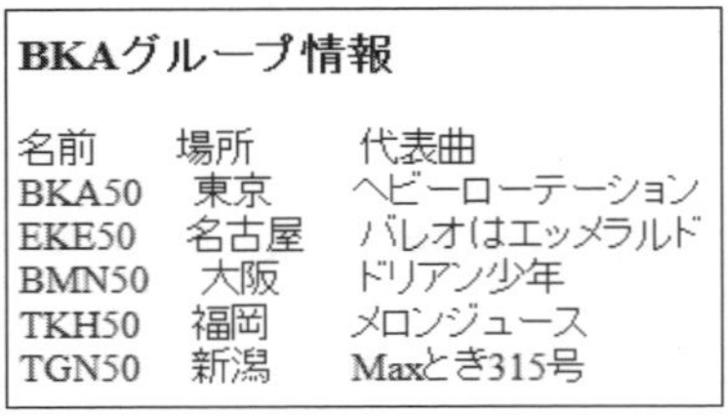

BKAグループ情報

名前	場所	代表曲
BKA50	東京	ヘビーローテーション
EKE50	名古屋	バレオはエッメラルド
BMN50	大阪	ドリアン少年
TKH50	福岡	メロンジュース
TGN50	新潟	Maxとき315号

図 3.4　課題3の表示結果

3.5　下付き <sub> と上付き <sup> 文字

3.5.1　下付き文字 <sub>

タグ <sub> は下付き文字を表し，化学式や数式など下付き文字にしないと意味が変わる箇所に使用する。上付き文字や下付き文字は，標準の文字に比べ大きさが一回り小さく表示される。文字が小さくなりすぎて見にくくなることもあるので注意しよう。

【例 3.4】 下付き文字のサンプル

[**HTML プログラム**]

```
<!DOCTYPE html>
<html>
<head>
        <meta charset="UTF-8">
        <title>化学式を書く</title>
</head>
<body>
        <h1>化学式を書く</h1>
        <p>二酸化炭素の化学式は CO<sub>2</sub> です。</p>
</body>
</html>
```

[表示結果]

> **化学式を書く**
>
> 二酸化炭素の化学式はCO_2です。

3.5.2 上付き文字 <sup>

タグ <sup> は上付き文字を表し，sub タグ同様に化学式や数式など上付き文字にしないと意味が変わる箇所に使用する。<sup> は特定の意味をもつ表記方法のために使用する要素であり，このタグにしないと意味が変わる場合にのみ使用する。単に文字が上付きになるという表示の見栄えを目的として使用してはいけない。

【例 3.5】 上付き文字のサンプル

[**HTML プログラム**]

```
<!DOCTYPE html>
<html>
<head>
```

```
            <meta charset="UTF-8">
            <title>面積の単位を表示する</title>
    </head>
    <body>
            <h1>面積の単位を表示する</h1>
            <p>1辺が1メートルの正方形の面積は、1m<sup>2</sup>と表
    す。</p>
    </body>
</html>
```

[表示結果]

面積の単位を表示する

1辺が1メートルの正方形の面積は、1m²と表す。

3.6 入力通りに文字列表示 \<pre\>

タグ \<pre\> は preformatted text（整形済みテキスト）の略で，\<pre\> ～ \</pre\> で囲む範囲に書かれた文字列（スペースや改行を含む）を，そのまま等幅フォントで表示する。プログラム，HTMLコード，詩やアスキーアートなど，書いた文字をそのまま表示させたい場合に使われる。

【例 3.6】 入力通り表示 \<pre\> のサンプル

[**HTML プログラム**]

```
<!DOCTYPE html>
<html>
<head>
        <meta charset="UTF-8">
        <title>Javaのコードを表示する</title>
</head>
<body>
        <h1>Javaのコードを表示する</h1>
        <pre>
```

```
        public class Kadai04a {
            public static void main(String[] args) {
                String st;    st=" 前田樹里 ";
                System.out.println (" 私は "+st+" が好きです ");
            }
          }
        </pre>
</body>
</html>
```

［表示結果］

```
Javaのコードを表示する
    public class Kadai04a {
       public static void main(String[] args) {
           String st;    st="前田樹里";
           System.out.println ("私は"+st+"が好きです");
       }
     }
```

3.7 その他のタグ

3.7.1 タグ <hr />

タグ <hr> は Horizontal Rule の略で水平の区切り線を表し，<hr /> とも書く。width 属性で幅（横の長さ）を，size 属性で太さ（縦の高さ）を指定できる。デフォルトでは影のある立体的な線となるが，noshade 属性により平面的な線にもできる。

【例 3.7】 区切り線 <hr /> のサンプルプログラム
［HTML プログラム］

```
<!DOCTYPE html>
<html>
<head>
    <meta charset="UTF-8">
    <title> 区切り線の例 </title>
```

```
</head>
<body>
    <h2> 今日の出来事 </h2>
    <p> 皆さんお久しぶりです。元気ですか？ <br>
        私は嬉しい事に毎日刺激的で楽しい毎日です。</p>
    <hr />
    <p> その一番の理由は最近までNYに行ってました。<br>
        時間があっという間にすぎて行く毎日です。</p>
    <hr />
    <h3> 著者情報 </h3>
    <p> 前田樹里 <br>
        ニューヨークにて </p>
</body>
</html>
```

[表示結果]

今日の出来事

皆さんお久しぶりです。元気ですか？
私は嬉しい事に毎日刺激的で楽しい毎日です。

―――――――――――――――――――

その一番の理由は最近までNYに行ってました。
時間があっという間にすぎて行く毎日です。

著者情報

前田樹里
ニューヨークにて

3.7.2 タグ <strong>

タグ <strong> はより強い強調を表し，強い重要性を表す。重要なお知らせ，警告などに利用される。以下のように，入れ子にして重要性の度合いを高めることもできる。

```
<p><strong> 立入禁止。
        <strong> 雨の日は特に危険です。</strong>
</strong></p>
```

【例 3.8】 強調表示 <strong> のサンプルプログラム
［HTML プログラム］

```
<!DOCTYPE html>
<html>
<head>
        <meta charset="UTF-8">
        <title>strong タグについて </title>
</head>
<body>
        <h1>strong タグについて </h1>
        <p> 今後の HTML は色やレイアウトなどの見栄えに関する部分は排除され、構造の表現のみになっていく。見栄えに関するタグについては、
        <strong> スタイルシートの使用 </strong> が推奨され、strong タグは
        <strong> 廃止される </strong> 方針である。
        </p>
</body>
</html>
```

［表示結果］

strong タグについて

今後の HTML は色やレイアウトなどの見栄えに関する部分は排除され、構造の表現のみになっていく。見栄えに関するタグについては、**スタイルシートの使用**が推奨され、strong タグは**廃止される**方針である。

3.7.3 タグ <small>

タグ <small> はテキストのサイズをひとまわり小さくする際に使用する。<small> は非推奨要素ではないが、フォントの見栄えに関する指定にはスタイルシートが好ましい。<small> はメインコンテンツではなく、注釈などの短いテキストに使用する要素である。<small> を複数段落，複数リストなどの長いテキストに使用すべきではない。

【例 3.9】 小さい文字 <small> のサンプルプログラム

[**HTML** プログラム]

```
<!DOCTYPE html>
<html>
<head>
    <meta charset="UTF-8">
    <title>コピーライトをつける</title>
</head>
<body>
    <h1>コピーライトをつける</h1>
    <p>コピーライトとは著作権という意味です。</p>
    <p><small>Copyright C 1998-2011 studio e-space Inc.All Rights Reserved.</small></p>
</body>
</html>
```

[表示結果]

コピーライトをつける

コピーライトとは著作権という意味です。

Copyright C 1998-2011 studio e-space Inc. All Rights Reserved.

【課題 4】 図 3.5 のブラウザ表示となる HTML ファイルを作成し，ブラウザ表示とともに提出しなさい。

・ヒント 1：タイトルは h1，サブタイトルの「下付き」と「上付き」は h3 タグを使う。

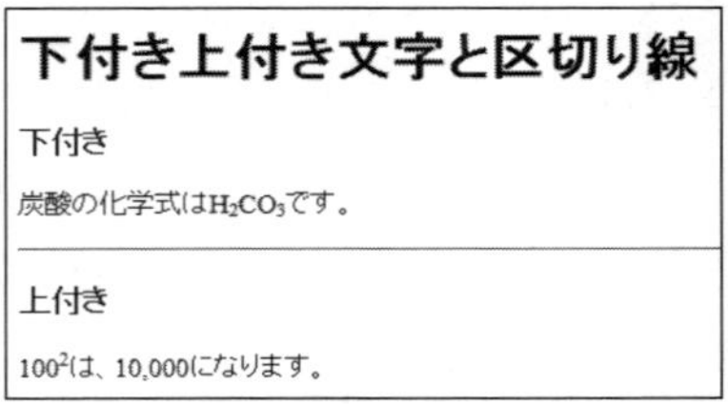

下付き上付き文字と区切り線

下付き

炭酸の化学式はH_2CO_3です。

上付き

100^2は、10,000になります。

図 3.5　課題 4 の表示結果

3.7 その他のタグ　　29

- ヒント2：上式の添字は下付きタグ，下式は上付きタグを使う。
- ヒント3：下付きと上付きの間はhrタグで区切り線を引く。

【課題5】　図3.6の表示になるHTMLファイルを作成し，ブラウザ表示とともに提出しなさい。

- ヒント1：タイトルはh3タグを使う。
- ヒント2：BKA情報は改行`<br />`は使わず，全体を`<pre></pre>`タグでくくる。
- ヒント3：BKA情報中の空白は全角でも半角でもよい。

```
BKAグループ情報

名前      場所      代表曲
BKA50    東京      ヘビーローテーション
EKE50    名古屋    バレオはエッメラルド
BMN50    大阪      ドリアン少年
TKH50    福岡      メロンジュース
TGN50    新潟      Maxとき315号
```

図3.6　課題5の表示結果

【HTML Tips 1】　SEO対策とは

　SEOとはsearch engine optimizationの略で，日本語では検索エンジン最適化（検索エンジン上位表示）という。多くの検索エンジンがあるが，独自のアルゴリズム（手順や方式）により，何をどの基準で表示させるかを決定する。アルゴリズムを研究することで，各検索エンジンに対して最適化（上位表示）が可能となる。SEOとは，いかにGoogleやYahoo!などの検索結果で自社ページを上位（ビジネスが有利）に表示させるかの技術である。

　SEO対策は独自解明しかない。なぜならGoogleやYahoo!が検索基準を公開せず，すべてブラックボックスになっているからである。現在のSEO対策は憶測にすぎないが，実行すれば確実に成果が現れる解明済みのSEO対策も存在する。Webサイトを上位表示させる方法には，何の知識も必要としないものや，高度な技術を必要とする難易度の高い対策もある。

　特にアメリカでは，日本より以前にSEO技術が注目され，現在ではビジネスとして確立されている。SEO対策に対しさまざまな資格も存在し，連日SEO技術者に対するセミナーも開かれていて，アメリカは世界一のSEO先進国といっても過言ではない。

画像の表示

本章では，Web 上に画像を表示するための <img> タグ，変形と拡大・縮小を設定できる height と width プロパティを述べる。

4.1 画像利用の準備

画像ファイルには多くの形式があるが，HTML で使える画像ファイルは次の 3 種である。他の形式の場合は，画像変換ソフトで各形式に変換するとよい。

① **GIF**（**graphics interchange format**）

GIF 形式は，8 ビット（256 色）以下の画像を扱う圧縮画像形式であり，ロゴ，アイコン，ボタンやアニメ調イラストなどの画像に適している。単色ベタ面を含む画像には向くが，逆に写真やスケッチなど多くの色を必要とする画像には不向きである。また，背景を透過にしたり，アニメーションができる。

（注） **GIF のファイル圧縮の仕組み**：データ「0101010101」や「0000011111」に対し文字列長は共に 10 文字だが，前者は「01 が 5 回」のデータに，後者は「0 が 5 回と 1 が 5 回」のデータに置き換える。GIF は水平（横）方向に同色のピクセルが連続する箇所を数値に置き換えて圧縮する。また，縦と横のストライプ画像では横ストライプの画像のほうがファイル容量が小さくなる。

② **JPEG**（**joint photographic experts**）

フルカラーを扱い，写真などの色数が多い画像に適している。圧縮形式だが，24bit（1 670 万色）まで扱える。また，不可逆圧縮なので元の画像に戻す

ことができない。多くの色数を必要とする写真やグラデーションのように色調が連続変化する画像に適しているが、逆にアイコンやアニメ調の平坦なイラストなどを保存するとにじんでしまう。

（注）　**JPEG のファイル圧縮の仕組み**：JPEG の圧縮は「明るさ変化に比べ、色調変化に鈍感」な人間の目の性質を利用している。色調変化部分のデータを捨てファイル容量を小さくしている。画像を 8 × 8 ピクセルのブロックに分割し、画像変化の情報を抽出し一部を捨てる。また、圧縮率を上げると、色が均一化され画像がモザイク状に見え、蚊が飛ぶように見えるモスキートノイズが現れる。

③　**PNG**（**portable network graphics**）

PNG は GIF の機能を拡張した形式であり、フルカラーを扱う。また、複数の色を透明にできる。特許解釈が一定せずライセンスに不安な GIF に替わるライセンスフリーの画像形式である。圧縮率が高く、GIF に比べ 10 〜 30 ％圧縮される。また、可逆圧縮形式なので元の画像に戻すことができる。アニメーションをすることはできない。

4.2　画像ファイルの作成方法

ホームページで使用する画像はさまざまな方法で作成できる。代表的な作成方法を以下に示す。

①　デジタルカメラで撮影する。
②　写真や絵などをスキャナで取り込む。
③　画像作成ソフトを使って作成する
④　ライセンスフリーの画像を利用する。

ただし、撮影や複写をする場合、作成者または被写人物の著作権や肖像権に注意する必要がある。

4. 画像の表示

【HTML Tips 2】 肖像権と著作権

　肖像権とは自分が写った写真などの扱いを保証する権利で，無作為の撮影写真がホームページにアップされた場合，写っている人は写真公開の差し止め要求ができる。撮影者に悪意がなくても，写った仲のよい二人は秘密の不倫中かもしれない。ゲーセンで遊ぶ人は仕事をサボっているかもしれない。「プライバシーの侵害」と言い換えるとわかりやすい。物品販売に名前や写真を利用して販売効果があるときは無断で使えない。

　著作権は次の3権利に分類される。
① 著作権は，われわれがイメージする著作権で，複製権，演奏権，公衆送信権などがあり，音楽の場合は作詞者や作曲者がもつ権利である。
② 著作者人格権は，著作者のもつ権利のうち著作者の名誉を守り他人に譲渡や委託できない権利である。「自分が作った」と表示する権利（氏名表示権）と，勝手にアレンジできない権利（同一保持権）がある。
③ 著作隣接権は，著作権者以外の周りの権利である。音楽関係では，作曲者だけでなく音源を製作するレコード会社や歌手，演奏家，テレビ局のもつ権利が相当する。

4.3　ホームページでの使用画像

　ホームページで使用する画像は拡張子が「gif」，「jpg」または「png」のものを使用する。拡張子が異なる場合は，変換ソフトなどを使って「gif」，「jpg」または「png」のファイル形式に変換する。サーバへのアップロードやユーザの閲覧を考慮して，ファイルサイズはできるだけ小さいものが望ましい。画像変換用のフリーソフトには次のようなものがある。

（1） XnConvert 　　（2） Converseen
（3） G・こんばーちゃ♪ 　　（4） Advanced Batch Image Converter
（5） Image Tuner 　　（6） Batch Image Converter
（7） SendTo-Convert 　　（8） Free GIF2SWF Converter
（9） PDF Designer - ImageEdition 　　（10） Astra Gift Maker

4.4 画像の表示タグ

画像表示には `<img>` タグを用い，画像ファイルは属性 `src="` 画像ファイル `"` で表示する。このタグは終了タグがないので注意する必要がある。`<img>` は image の略で文書内に画像表示するときに使用し，属性として `src`, `width`, `height`, `alt` がある。`src` は source の略で，img 要素では必須の属性であり，画像ファイルの URL を指定する。`width`, `height` は画像の横幅と縦幅を表し，単位はピクセルで指定する。`alt` は alternative の略で，画像が表示されない場合にその内容をテキストで表示する属性である。ここで，属性とはタグに続く空白後にある文字で，タグの役割を細かく指定するものである。タグ名の後に「=」，「"」と「"」間に文字や数値の「値」を入れて属性を使用する。

次に img タグの使用例を示す。サンプルソースは

```
<img src="cake.jpg" width="100" height="100" alt="シフォンケーキ" />
```

となり，img 要素は src 属性と必ずセットにし，画像 cake.jpg を指定する。`width` は画像の幅，`height` は高さ（ピクセル）を指定する。`alt` 属性は画像内容を説明し，画像表示が不可能の場合の画像の代わりの文である。

4.5 画像ファイルの挿入方法

① html ファイルと同じ場所に挿入
画像をドラッグ＆ドロップで html の表示場所または WebContent フォルダに挿入。この場合ファイル指定は"cake.jpg"のみとする。

② WebContent フォルダ内に image フォルダを作りそこに挿入
WebContent フォルダを選択し，右クリックで「新規」→「フォルダ」を選択，名前 (image) をつける。この場合ファイル指定は"image/cake.jpg"と

4. 画像の表示

する。

③ **Web ネットワークの任意箇所にある画像の挿入**

ネット上で画像のある場所がわかればその場所を指定する。例えば，ホームページが http://oohorisemi.web.fc2.com/ にあり，そのページのトップの image フォルダの中に画像 menu.jpg がある。この画像を指定する場合

```
<img src=http://oohorisemi.web.fc2.com/image/menu.jpg width=200 height=100>
```

とする。

【例 4.1】 画像 cake.jpg を HTML ファイルと同じ場所（WebContent フォルダ）に挿入する場合

［HTML プログラム］

```
<!DOCTYPE html>
<html>
<head>
    <meta charset="UTF-8">
    <title>写真を表示してみよう</title>
</head>
<body>
    <h1>写真を表示してみよう</h1>
    <p>今日食べたケーキの写真です。</p>
    <p><img src="cake.jpg" width="100" height="100"
        alt="シフォンケーキ"></p>
</body>
</html>
```

［表示結果］

4.5 画像ファイルの挿入方法

【例 4.2】 画像 cake.jpg を HTML ファイルと同じフォルダ内の image フォルダに挿入する場合

［**HTML** プログラム］

```
<!DOCTYPE html>
<html>
<head>
        <meta charset="UTF-8">
        <title>写真を表示してみよう</title>
</head>
<body>
        <h1>写真を表示してみよう</h1>
        <p>今日食べたケーキの写真です。</p>
        <p><img src="image/cake.jpg" width="100"
            height="100" alt="シフォンケーキ"></p>
</body>
</html>
```

［**表示結果**］ 例 4.1 と同じ。

【例 4.3】 Web 上のフォルダ http://oohorisemi.web.fc2.com/image/ 内の画像 menu.jpg を表示する場合

［**HTML** プログラム］

```
<!DOCTYPE html>
<html>
<head>
        <meta charset="UTF-8">
        <title>ネット上の写真を表示してみよう</title>
</head>
<body>
        <h2>ネット上の写真を表示してみよう</h2>
        <p>大堀ゼミページのトップ画像です。</p>
        <p><img src="http://oohorisemi.web.fc2.com/image/menu.jpg" width="200" height="100" alt="ホットひととき"></p>
```

```
</body>
</html>
```

[表示結果]

4.6 <img> タグの align 属性

align は整列やそろえるという意味があり，img タグで表示される画像の表示位置を指定する。値は left 左寄せ，right 右寄せで，文字列は回り込んで表示される。次のサンプルは値 right により画像を右側に表示し，文字列（シフォンケーキ）は左側に回り込む。

```
<img src="cake.jpg"align="right"/>シフォンケーキ
```

【例 4.4】 右寄せで画像（写真）を表示し，文章は左側に回り込む

[HTML プログラム]

```
<!DOCTYPE html>
<html>
<head>
        <meta charset="UTF-8" />
        <title> 写真を右寄せで表示してみよう </title>
</head>
<body>
        <h1> 写真を右寄せで表示してみよう </h1>
        <p> 今日食べたケーキの写真です。</p>
        <p><img src="image/cake.jpg" width="100"
height="100" align="right">
             シフォンケーキは軽さが特徴で，見た目は大きいけれど食べら
```

れるマシュマロのような感じでさっぱりしたテクスチャーケーキです。</p>
</body>
</html>

[表示結果]

【課題6】 図4.1の表示になるようなHTMLファイルを作成し，表示結果とともに提出しなさい。

・ヒント1：画像cake.jpgは現プロジェクトのWebContentフォルダ内にドラッグドロップで入れる。
・ヒント2：タイトルは<h1>タグを用いる。
・ヒント3：画像のサイズは左からwidth, heightともに50, 100, 150に設定する。

図4.1 課題6の表示結果

【課題7】 自分の好きな人（動物，物でもよい）の画像と文章をネットなどから入手し，図4.2のような表示結果となるようなHTMLファイルを作成し，表示結果とともに提出しなさい。

・ヒント1：タイトルはh1タグ，サブタイトル（人名など）はh2タグを用いる。
・ヒント2：画像と文章はネットなどより入手する。
・ヒント3：imgタグのalign属性値をleftに設定し，画像を左寄せ，文字列を右回り込みで表示する。
（注）肖像権と著作権は，外部公開しなければ違法ではない。

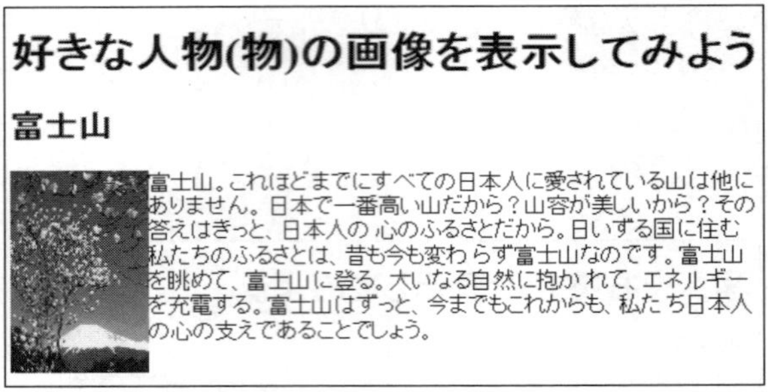

4. 画像の表示

図 4.2　課題 7 の表示結果

【追加課題 1】　下記ヒントを参照し，図 4.3 のブラウザ表示になるような HTML ファイルを作成し，ブラウザ表示とともに提出しなさい。

- ヒント 1：見出しタグ <h1>，<h2>，<h3>，<h4> を順に使用し，iMac による授業と iPad による授業の見出しは <h4> を使用する。
- ヒント 2：画像は iMac.jpg と iPad.jpg を用いる。<img> タグを用い，大きさはどちらも幅 200px，高さ 150px とし，上図は align 属性値を left，下図は right に設定する。

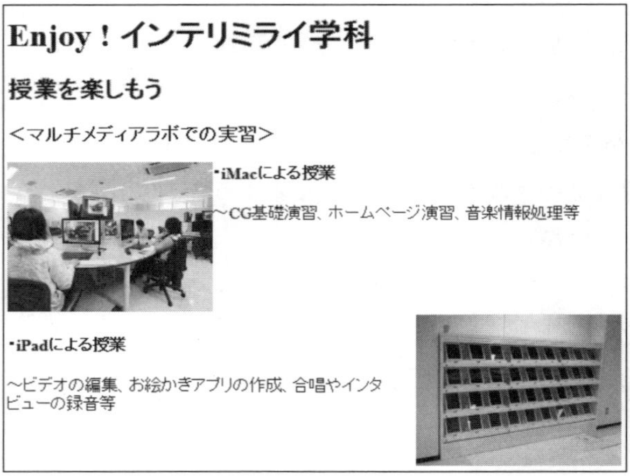

図 4.3　追加課題 1 の表示結果

リストを作る

本章では，リストの作成のための <ul> タグ，<ol> タグと <li> タグについて述べる。<ul> タグは順番のつかないリスト，<ol> タグは順番のつくリストを表す。またリストマーカーを変える方法も述べる。

5.1 順番のないリスト

順番のつかないリストを作るためには，リスト全体を囲む <ul> タグと個々のリスト項目の先頭につける <li> タグが必要である。<ul> タグは，リスト全体を囲み，順番のないリストであることを表す。また，<li> タグは個々のリスト項目の先頭につけ，リスト項目の詳細を表す。

【例 5.1】 項目の先頭が「・」であるリストの例
[**HTML** プログラム]

```
<!DOCTYPE html>
<html>
<head> <meta charset="UTF-8" /> </head>
<body>
        <h2> 項目の先頭が「・」であるリスト </h2>
        <p> やりたいことリスト </p>
        <ul> <li> ショッピング </li>
             <li> 読書 </li>
             <li> 映画鑑賞 </li>
        </ul>
</body>
</html>
```

[表示結果]

項目の先頭が「・」であるリスト

やりたいことリスト
- ショッピング
- 読書
- 映画鑑賞

【例 5.2】 リストのマーカーの種類を変えるリストの例

<ul> タグには type 属性があり，その値によって次のようにマークが変化する。

● 黒丸　　　`<ul type="disk"> ～ </ul>`
○ 白丸　　　`<ul type="circle"> ～ </ul>`
■ 黒四角　　`<ul type="square"> ～ </ul>`

[HTML プログラム]

```
<!DOCTYPE html>
<html>
<head> <meta charset="UTF-8" /> </head>
<body>
    <h2> リストのマーカーの種類を変える </h2>
    <p> やりたいことリスト </p>
    <ul type="circle">
        <li> ショッピング </li>
        <li> 読書 </li>
        <li> 映画鑑賞 </li>
    </ul>
</body>
</html>
```

[表示結果]

リストのマーカーの種類を変える

やりたいことリスト
◦ ショッピング
◦ 読書
◦ 映画鑑賞

5.2 順番のあるリスト

　順番のあるリストを作るためには，リスト全体を囲む <ol> タグと個々のリスト項目の先頭につける <li> タグが必要である。タグ <ol> は，順番のあるリストであることを表す。また，<li> タグは <ul> の場合と同じく，リストの項目の詳細を表す。

【例 5.3】　順番のあるリストの作成の例
[**HTML プログラム**]

```html
<!DOCTYPE html>
<html>
<head>
       <meta charset="UTF-8" />
       <title>順番のあるリストの作成</title>
</head>
<body>
       <h2>順番のあるリストの作成</h2>
       <p>やりたいことリスト</p>
       <ol>  <li>ショッピング</li>
             <li>読書</li>
             <li>映画鑑賞</li>
       </ol>
</body>
</html>
```

[表示結果]

順番のあるリストの作成

やりたいことリスト

1. ショッピング
2. 読書
3. 映画鑑賞

5.3 順番のあるリストの番号を変える

　リストの番号を任意の値に変える方法は以下のとおりである。<ol>タグによる順番のあるリストは，標準では「1」から順に表示される。<ol>タグ内の<li>タグに「value=" 番号 "」属性を追加すると，番号を変更できる。途中で開始番号を変更すると，以降はその番号から順に表示される。

【例 5.4】 順番のあるリストの作成の例
[**HTML** プログラム]

```
<!DOCTYPE html>
<html>
<head>
	<meta charset="UTF-8" />
	<title> 順番のあるリストの作成 </title>
</head>
<body>
	<h2> 順番のあるリストの作成 </h2>
	<p> やりたいことリスト </p>
	<ol><li> ショッピング </li>
		<li value="8"> 読書 </li>
		<li> 映画鑑賞 </li>
	</ol>
</body>
</html>
```

[表示結果]

順番のあるリストの作成

やりたいことリスト

1. ショッピング
8. 読書
9. 映画鑑賞

色 の 導 入

Web ページに色をつけるには，英語の色名か 16 進 rgb 表現を用いる．背景色は <body> タグの bgcolor 属性で色を指定し，文字色は <font> タグの color 属性で色を指定する．

6.1 色名による色の指定

色を指定する方法の一つに，英語の色名による方法がある．

black（黒）	silver（銀）	gray（灰）	white（白）
maroon（栗）	red（赤）	purple（紫）	fuchsia（赤紫）
green（緑）	lime（ライム）	olive（暗黄）	yellow（黄）
navy（濃紺）	teal（青緑）	aqua（淡青）	blue（青）

他の色など，色名に関する詳しい情報は下記のサイトが便利である．

http://www.colordic.org/

6.2 色の 3 原色

色を指定するもう一つの方法は，16 進 rgb による表現方法がある．これは色の 3 原色（赤 r, 緑 g, 青 b）の強さを 0 〜 255（16 進数では 00 〜 FF）で表現し，それを混ぜ合わせて色を表現する．通常は 10 進数ではなく頭に # をつけ各 3 原色を 16 進数 2 桁ずつで表現する．例えば

- #FF0000（赤）は r 成分が最大の FF，g 成分と b 成分は最小の 0 で「赤」

となる。

- #00FFFF（アクア）は r 成分が最小の 0，g 成分と b 成分は最大の FF で「アクア」となる。
- #FFFFFF（白）は r，g，b 成分とも最大の FF で「白」となる。

6.3 背景色 <bgcolor>

背景色は，<body> タグの bgcolor 属性で色名または 16 進 rgb を設定することで実現できる。

【例 6.1】 背景色として aqua 色を色名で指定
［HTML プログラム］

```
<!DOCTYPE html>
<html>
<head> <meta charset="UTF-8" /> </head>
<body bgcolor="aqua">
     <h2> 背景色の指定 </h2>
</body>
</html>
```

［表示結果］

背景色の指定

【例 6.2】 背景色として rgb 3 原色で #808000 を指定
［HTML プログラム］

```
<!DOCTYPE html>
<html>
<head> <meta charset="UTF-8" /> </head>
<body bgcolor="#808000">
```

```
        <h2>背景色の指定 2</h2>
</body>
</html>
```

［表示結果］

6.4 文字色 <color>

文字色は <font> タグの color 属性で色名または 16 進 rgb を設定することで実現できる。

【例 6.3】 **aqua 色を色名で指定**

［**HTML** プログラム］

```
<!DOCTYPE html>
<html>
<head>
        <meta charset="UTF-8" />
</head>
<body>
        <h2> 文字色の指定 </h2>
        <p><font color="blue"> ホームページの文字は
            1 文字単位でサイズや </font><br />
            <font color="#FF0000"> 色を変えることが出来
            ます。</font>
        </p>
</body>
</html>
```

46　6. 色 の 導 入

［表示結果］

```
文字色の指定
ホームページの文字は1文字単位でサイズや
色を変えることが出来ます。
```

【HTML Tips 3】　カラーネームとカラーコード

141 色のカラーネームと対応するカラーコードの一覧を**表 6.1** に示す。

表 6.1　141 色のカラーネームとカラーコード

色　名	色コード	色　名	色コード
aliceblue	#f0f8ff	darkgreen	#006400
antiquewhite	#faebd7	darkkhaki	#bdb76b
aqua	#00ffff	darkmagenta	#8b008b
aquamarine	#7fffd4	darkolivegreen	#556b2f
azure	#f0ffff	darkorange	#ff8c00
beige	#f5f5dc	darkorchid	#9932cc
bisque	#ffe4c4	darkred	#8b0000
black	#000000	darksalmon	#e9967a
blanchedalmond	#ffebcd	darkseagreen	#8fbc8f
blue	#0000ff	darkslateblue	#483d8b
blueviolet	#8a2be2	darkslategray	#2f4f4f
brown	#a52a2a	darkturquoise	#00ced1
burlywood	#deb887	darkviolet	#9400d3
cadetblue	#5f9ea0	deeppink	#ff1493
chartreuse	#7fff00	deepskyblue	#00bfff
chocolate	#d2691e	dim gray	#696969
coral	#ff7f50	dodgerblue	#1e90ff
cornflowerblue	#6495ed	firebrick	#b22222
cornsilk	#fff8dc	floralwhite	#fffaf0
crimson	#dc143c	forestgreen	#228b22
cyan	#00ffff	fuchsia	#ff00ff
darkblue	#00008b	gainsboro	#dcdcdc
darkcyan	#008b8b	ghostwhite	#f8f8ff
darkgoldenrod	#b8860b	gold	#ffd700
darkgray	#a9a9a9	goldenrod	#daa520

6.4 文字色 <color>

表 6.1 （続き）

色名	色コード	色名	色コード
gray	#808080	mediumpurple	#9370db
green	#008000	mediumseagreen	#3cb371
greenyellow	#adff2f	mediumslateblue	#7b68ee
honeydew	#f0fff0	mediumspringgreen	#00fa9a
hotpink	#ff69b4	mediumturquoise	#48d1cc
indianred	#cd5c5c	mediumvioletred	#c71585
indigo	#4b0082	midnightblue	#191970
ivory	#fffff0	mintcream	#f5fffa
khaki	#f0e68c	mistyrose	#ffe4e1
lavender	#e6e6fa	moccasin	#ffe4b5
lavenderblush	#fff0f5	navajowhite	#ffdead
lawngreen	#7cfc00	navy	#000080
lemonchiffon	#fffacd	oldlace	#fdf5e6
lightblue	#add8e6	olive	#808000
lightcoral	#f08080	olivedrab	#6b8e23
lightcyan	#e0ffff	orange	#ffa500
lightgoldenrodyellow	#fafad2	orangered	#ff4500
lightgreen	#90ee90	orchid	#da70d6
lightgrey	#d3d3d3	palegoldenrod	#eee8aa
lightpink	#ffb6c1	palegreen	#98fb98
lightsalmon	#ffa07a	paleturquoise	#afeeee
lightseagreen	#20b2aa	palevioletred	#db7093
lightskyblue	#87cefa	papayawhip	#ffefd5
lightslategray	#778899	peachpuff	#ffdab9
lightsteelblue	#b0c4de	peru	#cd853f
lightyellow	#ffffe0	pink	#ffc0cb
lime	#00ff00	plum	#dda0dd
limegreen	#32cd32	powderblue	#b0e0e6
linen	#faf0e6	purple	#800080
magenta	#ff00ff	red	#ff0000
maroon	#800000	rosybrown	#bc8f8f
mediumaquamarine	#66cdaa	royalblue	#4169e1
mediumblue	#0000cd	saddlebrown	#8b4513
mediumorchid	#ba55d3	salmon	#fa8072

6. 色の導入

表 6.1 （続き）

色名	色コード	色名	色コード
sandybrown	#f4a460	teal	#008080
seagreen	#2e8b57	thistle	#d8bfd3
seashell	#fff5ee	tomato	#ff6347
sienna	#a0522d	turquoise	#40e0d0
silver	#c0c0c0	violet	#ee82ee
skyblue	#87ceeb	wheat	#f5deb3
slateblue	#6a5acd	white	#ffffff
slategray	#708090	whitesmoke	#f5f5f5
snow	#fffafa	yellow	#ffff00
steelblue	#4682b4	yellowgreen	#9acd32
tan	#d2b48c		

ここで html 学習の約半分が終わったので第 1 章から第 6 章までのタグを**表 6.2** にまとめておく。

表 6.2 第 1 章〜第 6 章までのタグのまとめ

`<body>`	bgcolor=背景色	`<small>`	小文字
`<p>`	段落	`<img>`	画像
` `	改行		src=画像ファイル
`<h1〜h6>`	見出し		width=幅
			height=高さ
`<sub>`	下付き		align=左右位置
`<sup>`	上付き	`<ul>`	番号なしリスト
`<pre>`	そのまま	`<ol>`	番号ありリスト
`<hr>`	区切線	`<li>`	リスト項目
`<strong>`	強調	`<font>`	color=文字色

【課題 8】 図 6.1 のようなリストを表示するブラウザ表示になるような HTML ファイルを作成しなさい。

・ヒント 1：資格と職業のタイトルには見出し `<h3>` を用いる。

- ヒント2：資格のリストは番号なしなので <ul> タグ，type 属性は square にする。
- ヒント3：職業のリストは番号ありなので <ol> タグにする。
- ヒント4：背景色は <body> タグの bgcolor 属性で aqua を指定する。

図 6.1　課題 8 の表示結果　　図 6.2　課題 9 の表示結果

【課題9】　図 6.2 のブラウザ表示になるような HTML ファイルを作成しなさい。

- ヒント1：タイトルには見出し <h2> を用いる。
- ヒント2：カレンダー全体は <pre> と </pre>（そのまま表示機能）で囲む。
- ヒント3：文字色は <font> タグを用い，土曜は青色，日曜は赤色にする。
- （注）<pre> 内部の HTML タグはそのままでなく命令として解釈される。

【課題10】　下記のタグを最低 5 種類以上使って，図 6.3 を参考に，自分のホームページを自由に作成しなさい。

```
<p>  <br>  <h1 ～ h6>  <sub>  <sup>  <pre>
<hr>  <strong>  <small>  <img>  <ul>  <ol>
<li>  <font>
```

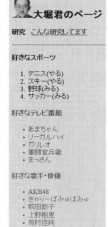

図 6.3　課題 10 の表示例

リンクの指定

本章では,Web ページの最大の特徴であるページ間のリンクについて述べる。リンクの指定には,自分のページを基準に他のページを指定する相対番地指定と,ページに固有に割り当てられた絶対番地指定がある。

7.1 リンクとは

リンク,特に HTML ではハイパーリンクというが,HTML ファイルどうし(ホームページとホームページ)をつなぐことである。リンクの例として,例えば大手 Web 検索サイトである Yahoo! JAPAN のトップページ http://www.yahoo.co.jp/ 内の左側にある「スポーツ」というテキストをクリック(左クリック)すると,クリック後,ページは Yahoo! JAPAN のスポーツページに切り替わる。

【例 7.1】 リンクの例

図 7.1 の左図は Yahoo! JAPAN のトップページ (http://www.yahoo.co.jp/)

図 7.1 リンクとリンク先表示

である。左の列にある「スポーツ」をクリックすると Yahoo! のスポーツのページに飛び，右図のように表示される。

7.1.1 リンクのタグ

上記で述べたリンクを実現するには，リンクタグ <a> とリンク先のアドレスが必要である。タグ <a>（anchor（いかり）の略）は，ハイパーリンク（HTML ファイルをつなぐ）を実現し，必須属性 href をもつ。<a> タグの href 属性はリンク先（クリックしたときの飛び先）の URL を指定する。使い方は次のとおりである。

```
<a href="index.html">トップページへ</a>
```

このとき，文字列「トップページへ」には自動的に下線がつき，下線つきの「トップページへ」をクリックするとアドレス「index.html」に飛ぶ。

7.1.2 同一フォルダのファイルにリンク

リンク先のページが <a> タグを書いた HTML ページと同じフォルダにあるときは次の指定になる。

```
<a href="Ex07.html">例 07 のページはこちら</a>
```

このリンク設定した HTML ファイルを Ex06.html とし，この文の「例 07 のページはこちら」をクリックすると，同じフォルダの Ex07.html に飛ぶ。Eclipse を使いプロジェクト名が「20161112」，現在のフォルダが「WebContent」のときのファイル構造を**図 7.2** に示す。

図 7.2 同一フォルダリンクのファイル構造

52   7. リンクの指定

【例 7.2】 同一フォルダのファイルへのリンク
[**HTML プログラム（Ex06.html）**]

```
<!DOCTYPE html>
<html>
<head>  <meta charset="UTF-8">  </head>
<body>
     <h2>自作ページ同士をリンク</h2>
     <p><a href="Ex07.html">例07のページはこちら</a></p>
</body>
</html>
```

【例 7.3】 リンク先の HTML プログラム（Ex07.html）

```
<!DOCTYPE html>
<html>
<body>
     <h3>公開 www ページにリンク</h3>
     このページから、Yahoo!JAPAN の Web サイトにリンク<br />
     <a href="http://www.yahoo.co.jp/">
     Yahoo!JAPAN の Web サイトはこちら</a>
</body>
</html>
```

[**表示結果**]   Ex06.html のページ   Ex07.html のページ

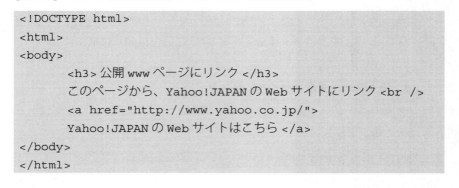

7.2 相対パスと絶対パス

　パスとはファイルの場所を示すアドレス（URL）のことで，相対パスと絶対パスがある。その違いは以下のとおりである。
　① 相対パス：ファイルのアドレス（URL）を基準位置から指定する（基準

位置までは省略できる)。

・相対パスの例:Ex06.html(基準位置に Ex06.html がある場合)

② 絶対パス:ファイルのアドレス(URL)を省略できず,Web 上の場合 http:// から,自分のパソコンにある場合 C:¥ で始まるアドレス(URL)を指定する。

・絶対パスの例 1:http://www.yahoo.co.jp/(Yahoo! JAPAN のホームページ)

・絶対パスの例 2:C:eclipse432/Pleiades/html5/20161112/WebContent/Ex06.html(自分のパソコン上のパスの指定)

7.2.1 階層が違うファイルへの相対パス

現在のパス上の位置を基準にして(相対パス指定)フォルダの階層を上がるときは,「../」と記述する。「../」につき 1 階層上がるので,2 階層上がる場合は「../../」となる。

一方,階層が下がる場合は現在のパス上の位置を基準にして,階層の中のフォルダ名を「/」で区切り記述する。フォルダ名前を○○や▲▲とすると,「○○/▲▲/Ex06.html」のようになる。

7.2.2 異なるフォルダの相対パス(**基準ファイルを Ex08.html とする**)

ファイル Ex05.html は基準ファイル Ex08.html と異なるフォルダ(20161026/WebContent)内にあるので,ファイル指定は `href="../../20161026/`

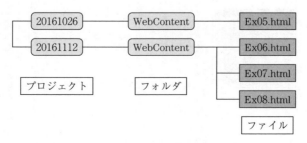

図 7.3 異なるフォルダ間リンクのファイル構造

WebContent/Ex05.html" となる（図7.3）。

【例7.4】 異なるフォルダのページに相対リンク

ファイル Ex05.html は基準ファイル Ex08.html と異なるフォルダ内にあるので，相対リンクでファイル指定すると href="../../20161026/WebContent/Ex05.html" となる。

[HTML プログラム（Ex08.html）]

```
<!DOCTYPE html>
<html>
<head>  <meta charset="UTF-8">  </head>
<body>
      <h2> 異なるフォルダのページへリンク </h2>
      <p> フォルダ 20161026/WebContent にある例 05 のページにリンク </p>
      <p> <a href="../../20161026/WebContent/Ex05.html">
      例 05 のページはこちら </a></p>
</body>
</html>
```

[表示結果]

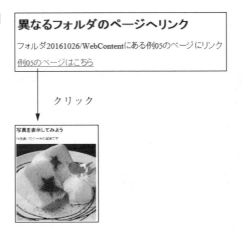

7.2.3 絶対パスの指定方法

絶対パスは，Web 上の場合 http:// から，自分のパソコンにある場合 C:¥ から始まる省略しないアドレス（URL）を指定する方法である。例えば，Yahoo! JAPAN のホームページの絶対パス指定は

　　http://www.yahoo.co.jp/

となり，Eclipse の場合インストール時の Eclipse の解凍先を C:¥eclipse432，ワークスペースを html5 とすると，20161112 フォルダの Ex07.html への絶対パスは

　　C:eclipse432/Pleiades/html5/20161112/WebContent/Ex07.html

となる。

【例 7.5】　Yahoo! JAPAN ホームページに絶対パスでリンク

[HTML プログラム]

```
<!DOCTYPE html>
<html>
<head>
    <meta charset="UTF-8">
</head>
<body>
    <h1> 公開 www ページにリンク </h1>
    <p> このページから、Yahoo!JAPAN の Web サイトにリンク </p>
    <p> <a href="http://www.yahoo.co.jp/">
Yahoo!JAPAN の Web サイトはこちら </a></p>
</body>
</html>
```

[表示結果]

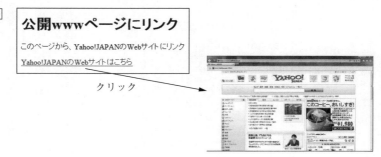

7.3 画像にリンクを貼る

上記では文字列をクリックすると指定リンク先に飛んだが，ここでは文字列の代わりに画像をクリックしてリンクする方法を学ぶ。画像の場合，文字列の場所に画像タグの <img> を用いて画像を貼りつける。

① **文字列の場合**

```
<a href="Ex08.html">クリック </a>
```

② **画像の場合**

```
<a href="Kadai06.html"><img "sakura.jpg"></a>
```

【例 7.6】 画像にリンクを貼るサンプル
[HTML プログラム]

```
<!DOCTYPE html>
<html>
<head>
     <meta chaset="UTF-8">
     <title> 例 7.6</title>
</head>
<body>
     <h2> 画像リンクのサンプル </h2>
     <p> 画像をクリックしてください </p>
     <p><a href="http://www.higan.sakura.ne.jp/sakura_
     picture/">
        <img src="image/Sakura.jpg" width="100"
        "height"=100>
     </a></p>
</body>
</html>
```

[表示結果]

【課題11】 図7.4のようにサッポロの祭り情報の表を作り，各祭りの名前をクリックすると各祭りのホームページ（右下図）に飛ぶHTMLファイルを作

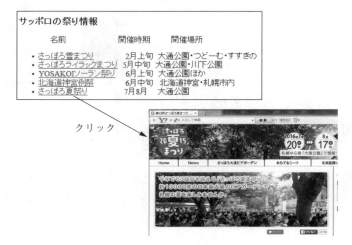

図7.4　課題11の表示結果

58   7. リンクの指定

成しなさい。ただし，各祭りのホームページの URL は以下のとおりである。

・さっぽろ雪まつり：http://www.snowfes.com/

・さっぽろライラックまつり：http://lilac.sapporo-fes.com/

・YOSAKOI ソーラン祭り：http://www.yosakoi-soran.jp/

・北海道神宮例祭：http://www.hokkaidojingu.or.jp/

・さっぽろ夏祭り：http://www.sapporo-natsu.com/

【課題 12】　次の手順で同じフォルダの別ファイルへリンクするサイトを作成しなさい。

① 同じフォルダに 2 つの HTML ファイル Kadai12a.html（図 7.5 左図）と Kadai12b.html（右図）を作成せよ。ただし画像は sakamoto.jpg を用いる。

② 左図では「同じフォルダの別ファイル」をクリックすると右図が表示され，右図では画像をクリックすると左図が表示されるようにする。

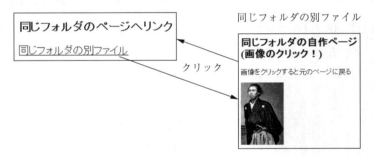

図 7.5　課題 12 の表示結果

【課題 13】　次の手順で別なフォルダのページにリンクするサイトを作成しなさい。

図 7.6 上図の Kadai13.html において「別フォルダの別ファイル」のリンクをクリックすると別ファイルにある Kadai07.html（下図）が表示される。

7.3 画像にリンクを貼る　　59

図 7.6　HTML ファイル Kadai13.html の表示結果（上）と HTML ファイル Kadai07.html の表示結果（下）

解答例とフルカラーの表示結果のダウンロードについて

以下の Web ページからダウンロード可能である。
　http://www.coronasha.co.jp/np/isbn/9784339028638/
　（本書の書籍ページ。コロナ社の top ページから書名検索でもアクセスできる）
ダウンロードに必要なパスワードは「028638」。

表 の 作 成

本章では，テーブルによる表の作成を述べる。基本的な表作成から，罫線の引き方，背景色の設定，画像の貼り付けやリンクの貼り方についても学ぶ。

8.1 表 と は

いくつかの属性とそのサンプルのような，2次元で表現できる情報は「表（table）」の形にまとめると理解しやすくなる。表計算やデータベースでは，横軸に属性（氏名，住所，電話など），縦軸にサンプル（それぞれの属性をもつ値）をとって表現する。リストが「列挙」の形で1次元の情報を表現するのに対して，表は2次元の情報を表現するのに適している。図 8.1 に表の例，図 8.2 に表におけるセル，行，列の例を示す。

HTML における表は table 要素を使って表現する。表の中には1つ以上の「行」があり，その行の中には1つ以上の「セル」がある。「行」を tr 要素（table row），「セル」を td 要素（table data）で表す。セルの中で「見出しセ

日付	1/1	1/2
天気	晴れ	曇り
最高気温	10℃	8℃
最低気温	3℃	2℃

図 8.1 表 の 例

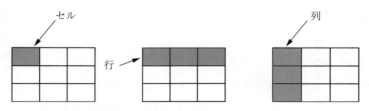

図8.2 表におけるセル，行，列の例

ル」は th 要素（table header）で表す。また，表のタイトルは caption タグで表す。その他にもいろいろなタグがあるが，これだけ覚えておけばほとんどの場合は十分である。

8.2 表の基本タグ

① <table> タグ

<table> はテーブル（表）を作成するタグで，<table> 〜 </table> のように終了タグとともに用い，表全体を囲む。テーブル（表）の基本構造は，<table> 〜 </table> 内に <tr> で表の横一行を定義し，その中に <th> や <td> でセルを作る。テーブル（表）の各セルには見出し定義のヘッダセル <th> と，データ定義のデータセル <td> がある。ヘッダセル内のテキストは，ブラウザで太字でセンタリングされる。

<table> タグをレイアウト目的で使用するケースがあるが，<table> タグは本来はテーブル（表）を作るためのタグである。レイアウト目的には，できるだけスタイルシートを利用することが望まれる。

② <caption> タグ

<caption> タグはテーブル（表）にタイトルをつけるタグで，<caption> 〜 </caption> のように終了タグとともに用い，タイトルなどを囲む。<caption> タグを使用する際には，<table> タグの直後に1つだけ記述する。

表に対するタイトルの表示位置は，align 属性で指定する。align="top" は表の上部，align="bottom" は表の下部にセンタリングして表示される。

align 属性を指定しない場合には，デフォルトとして表の上部にセンタリングして表示される。

③ **`<tr>` タグ**

`<tr>` タグは table row の略で，テーブル（表）の横方向の一行を定義する。`<tr>` ～ `</tr>` のように終了タグとともに用い，表の１行を囲む。テーブル（表）の基本構造は，`<table>` ～ `</table>` 内に `<tr>` ～ `</tr>` で表の横一行を定義し，その中に `<th>` や `<td>` でセルを定義する。

④ **`<td>` タグと `<th>` タグ**

`<td>` タグと `<th>` タグは，いずれも `<td>` ～ `</td>` や `<th>` ～ `</th>` のように終了タグとともに用いる。`<td>` は table data の略で，セル内容が「データ」となるデータセルを作成する。`<th>` は table header の略で，セル内容が「見出し」の場合に用いる。見出しセル内のテキストは，一般的ブラウザでは太字かつセンタリングして表示される。

テーブル（表）の基本構造は，`<table>` ～ `</table>` 内に `<tr>` ～ `</tr>` で表の横一行を定義し，その中に `<th>` ～ `</th>` や `<td>` ～ `</td>` でセルを定義する。

【例 8.1】 最も簡単な表

［**HTML プログラム**］

```
<!DOCTYPE html>
<html>
<head>   <meta charset="UTF-8" />   </head>
<body>
      <h2> 簡単な表を作ろう </h2>
      <table>
         <tr>
            <td> 月日 </td>  <td> 水泳 </td>  <td> ウォーキング
            </td>
         </tr>
         <tr>
```

```
                <td>4/1</td>   <td>20分</td>   <td>30分</td>
            </tr>
            <tr>
                <td>4/2</td>   <td>0分</td>   <td>60分</td>
            </tr>
            <tr>
                <td>合計</td> <td>20分</td>   <td>90分</td>
            </tr>
        </table>
</body>
</html>
```

[表示結果]

簡単な表を作ろう
月日 水泳 ウォーキング
4/1　20分 30分
4/2　0分　60分
合計 20分 90分

【例 8.2】 表タイトルを含めた表

<caption> タグは表のタイトルや説明文で，<table> タグの直後に入れる。

[**HTML プログラム**]

```
<!DOCTYPE html>
<html>
<head> <meta charset="UTF-8" /> </head>
<body>
        <h2>表にタイトルをつける</h2>
        <table>
            <caption>4月の運動</caption>
            <tr> <td>月日</td> <td>水泳</td> <td>ウォーキング</td></tr>
            <tr> <td>4/1</td> <td>20分</td> <td>30分</td></tr>
            <tr> <td>4/2</td> <td>0分</td> <td>60分</td></
```

```
            tr>
            <tr>  <td>合計</td>  <td>20分</td>  <td>90分</
      td></tr>
      </table>
</body>
</html>
```

[表示結果]

```
表にタイトルをつける
         4月の運動
  月日 水泳 ウォーキング
  4/1   20分 30分
  4/2   0分  60分
  合計  20分 90分
```

【例 8.3】 表見出しを使う表

次に表の見出し <th> を使う例を示す。

[HTML プログラム]

```
<!DOCTYPE html>
<html>
<head>
      <meta charset="UTF-8" />
</head>
<body>
      <h2>表の見出しの使用例</h2>
      <table>
      <caption>4月の運動</caption>
            <tr>  <th>月日</th>  <th>水泳</th>  <th>ウォーキン
            グ</th>
            </tr>
            <tr>  <th>4/1</th>  <td>20分</td>  <td>30分</
            td>
            </tr>
            <tr>  <th>4/2</th>  <td>0分</td>  <td>60分</td>
            </tr>
```

```
            <tr>    <th>合計</th>   <td>20分</td>    <td>90分</
            td>
            </tr>
        </table>
</body>
</html>
```

[表示結果]

```
表の見出しの使用例
       4月の運動
月日 水泳 ウォーキング
 4/1  20分 30分
 4/2  0分  60分
合計 20分 90分
```

8.3 表 の 罫 線

　表は何も設定しなければ罫線なしの状態である。罫線を表示するためにはborder属性を使用する。borderで指定する値はピクセルで，表の罫線の幅になる。したがって，「0」と書くとborder属性なしの場合と同じく表罫線が表示されない。表は罫線があるほうが読みやすいので，できるだけborder属性は記述するほうがよい。罫線の例として，

① 　`<table border>`はデフォルトで幅が1の二重罫線になる。
② 　`<table border="3">`は幅が3の二重罫線になる。
③ 　`<table border="1" cellspacing="0">`はcellspacing（二重線における線と線の間隔）が0なので，幅が1の一重線になる。

次に表罫線の例として，全体を幅1の二重線を罫線とする。

【例8.4】 表罫線の例1（単純指定）

　罫線の指定は`<table border>`表`</table>`のように，tableのborder属性を指定する。

8. 表の作成

[**HTML** プログラム]

```
<!DOCTYPE html>
<html>
<head>  <meta charset="UTF-8" /> </head>
<body>
      <h2> 表に罫線を指定 </h2>
      <table border>
          <caption>4 月の運動 </caption>
          <tr>  <th> 月日 </th> <th> 水泳 </th> <th> ウォーキング </th>
          </tr>
          <tr>  <th>4/1</th>  <td>20 分 </td> <td>30 分 </td>
          </tr>
          <tr>  <th>4/2</th>  <td>0 分 </td>  <td>60 分 </td>
          </tr>
          <tr>  <th> 合計 </th> <td>20 分 </td>  <td>90 分 </td>
          </tr>
      </table>
</body>
</html>
```

[表示結果]

【例 8.5】 表罫線の例 2（罫線幅指定）

次に表罫線全体の罫線を幅 3 の二重線とする。罫線幅の指定は

```
<table border=3>表</table>
```

となる。

[HTML プログラム]

```
<!DOCTYPE html>
<html>
<head>  <meta charset="UTF-8" /> </head>
<body>
      <h2> 表の罫線幅の指定 </h2>
      <table border="3">
          <caption>4 月の運動 </caption>
          <tr>  <th> 月日 </th> <th> 水泳 </th> <th> ウォーキング </th>
          </tr>
          <tr>  <th>4/1</th>  <td>20 分 </td>  <td>30 分 </td>
          </tr>
          <tr>  <th>4/2</th>  <td>0 分 </td>  <td>60 分 </td>
          </tr>
          <tr>  <th> 合計 </th>  <td>20 分 </td>  <td>90 分 </td>
          </tr>
      </table>
</body>
</html>
```

[表示結果]

表の罫線幅の指定

4月の運動

月日	水泳	ウォーキング
4/1	20分	30分
4/2	0分	60分
合計	20分	90分

【例 8.6】 表罫線の例 3（罫線の一重化）

次に表罫線全体を幅 1 の一重線の罫線とする。罫線の指定は次のようになる。

```
<table border="1" cellspacing="0">表</table>
```

[**HTML** プログラム]

```
<!DOCTYPE html>
<html>
<head>  <meta charset="UTF-8" />  </head>
<body>
    <h2>表の罫線の一重化</h2>
    <table border="1" cellspacing="0">
        <caption>4月の運動</caption>
        <tr>  <th>月日</th>  <th>水泳</th>  <th>ウォーキング</th>
        </tr>
        <tr>  <th>4/1</th>  <td>20分</td>  <td>30分</td>
        </tr>
        <tr>  <th>4/2</th>  <td>0分</td>  <td>60分</td>
        </tr>
        <tr>  <th>合計</th>  <td>20分</td>  <td>90分</td>
        </tr>
    </table>
</body>
</html>
```

[表示結果]

表の罫線の一重化

4月の運動

月日	水泳	ウォーキング
4/1	20分	30分
4/2	0分	60分
合計	20分	90分

8.4 表の背景色

表全体の背景色を指定するには <table> タグに color=" カラーコード or カラーネーム " を入力する。<table> タグで色の指定がない場合は，背景色は透明になる。セルの背景色を指定するには，td（または th）タグに続けて bgcolor=" 色名 " を入力する。行全体のセルの背景色を指定するには，<tr> タグに続けて bgcolor=" 色名 " を入力する。<td（th）> や <tr> タグで色の指定がないとき，背景色は透明になる。また，色が重複する場合の優先順位は，td（th）＞ tr ＞ table となる。

次の例は，全体の背景色はなく，行とセルの背景色も重複しない例である。

【例 8.7】 背景色の例 1（色が重複しない）

   <table bgcolor=" 色 "> 　表全体の背景色
   <tr bgcolor=" 色 "> 　行全体の背景色
   <td bgcolor=" 色 "> 　セルの背景色

[**HTML** プログラム]

```
<!DOCTYPE html>
<html>
<head>   <meta charset="UTF-8" />   </head>
<body>
      <h2> 表の背景色の指定（重複無）</h2>
      <table border="1" cellspacing="0">
         <caption>4 月の運動 </caption>
         <tr bgcolor="red">   <th> 月日 </th> <th> 水泳 </th>
         <th> ウォーキング </th>
         </tr>
         <tr>   <th bgcolor="blue">4/1</th>   <td>20 分 </td>   <td>30 分 </td>
         </tr>
         <tr>   <th bgcolor="blue">4/2</th>   <td>0 分 </td>
```

```
            <td>60分</td>
         </tr>
         <tr>  <th bgcolor="blue">合計</th> <td>20分</td>   <td>90分</td>
         </tr>
      </table>
</body>
</html>
```

[表示結果]

　次の例は，全体の背景色と，行とセルの背景色が重複する例である．表全体の黄色と，1行全体の赤と3個のセルの青は重複するが，優先順位により1行全体と3個のセルの背景色が優先される．

【例8.8】　背景色の例2（色が重複する）

[HTMLプログラム]

```
<!DOCTYPE html>
<html>
<head>  <meta charset="UTF-8" />  </head>
<body>
      <h2>表の背景色の指定</h2>
      <table border="1" cellspacing="0" bgcolor="yellow">
         <caption>4月の運動</caption>
         <tr bgcolor="red">  <th>月日</th> <th>水泳</th> <th>ウォーキング</th>
         </tr>
         <tr>  <th bgcolor="blue">4/1</th>  <td>20分</td>   <td>30分</td>
```

```
            </tr>
            <tr>   <th bgcolor="blue">4/2</th>   <td>0分</td>
            <td>60分</td>
            </tr>
            <tr>   <th bgcolor="blue">合計</th>   <td>20分</td>   <td>90分</td>
            </tr>
        </table>
    </body>
</html>
```

[表示結果]

8.5 表セルに画像表示

　表（テーブル）の中のセルに画像を表示する。単に画像を表示するよりも，表を利用することで画像やテキストをレイアウトできる。画像を挿入するには，表のセル <td> 〜 </td> の間に <img src="パス"> を挿入する。画像は width（幅）と height（高さ）を指定し，できれば表やセルの width も指定したほうが画像の読み込みが速くなる。画像のサイズが確定すれば，表内への画像読み込みが完了しなくても表示される。

　次の例は，表の2行目の2つのセルに画像を挿入する例である。

【例 8.9】　表セルに画像表示の例

　表のセルに画像を表示するには，<td img src="画像ファイル名"></td> のように書く。

[**HTML プログラム**]

```
<!DOCTYPE html>
<html>
<head>  <meta charset="UTF-8" /> </head>
<body>
      <h2> 表セルに画像表示 </h2>
      <table border >
          <caption> 歴史上人物の画像 </caption>
          <tr> <td> 坂本竜馬 </td> <td> 西郷隆盛 </td> </tr>
          <tr> <td><img src="sakamoto.jpg"    width=80
          height=80> </td>
          <td><img src="saigou.jpg" width=80 height=80>
          </td>
          </tr>
      </table>
</body>
</html>
```

[表示結果]

8.6 表セルにリンク

　表（テーブル）の中のセルに文字列を挿入し，そこにリンクを貼る。ばらばらにリンクを配置するよりも，表を利用することでリンクをレイアウトできる。セルにリンクを貼るためには，表のセル <td> ～ </td> の間に <a

href="パス">文字列</a> を挿入する。マウスポインタを当てたときのリンク適用範囲は文字列に限られる。セル全体にリンクをかけるには CSS を使う（10 章で説明する）。

次の例は，表の 2 行目の二つのセルにリンクを挿入する例である。

【例 8.10】 表セルにリンクの例

表セルにリンクを貼るには，<td><a href="リンク先">リンク文字</a></td> のように記述する。

［HTML プログラム］

```
<!DOCTYPE html>
<html>
<head>   <meta charset="UTF-8" />  </head>
<body>
        <h2> 表セルにリンク </h2>
        <table border >
            <caption>2 サイトへのリンク </caption>
            <tr>  <td> 北海道科学大 </td>  <td>Yahoo! JAPAN</td>
            </tr>
            <tr>  <td><a href="http://www.hus.ac.jp/">科学大
            をクリック </td>
                <td><a href="http://www.yahoo.
                co.jp/">Yahoo! をクリック </td>
            </tr>
            </table>
</body>
</html>
```

［表示結果］

表セルにリンク

2サイトへのリンク	
北海道科学大	Yahoo! JAPAN
科学大をクリック	Yahoo! をクリック

8. 表 の 作 成

【**課題 14**】 図 8.3 の表示になるような HTML ファイルを作成しなさい。
- ヒント 1：表全体の背景は黄色にする。
- ヒント 2：表の 1 行目は見出しタグ <th>，他はデータタグ <td> を用いる。
- ヒント 3：1 行目は <tr> タグの bgcolor 属性で背景色を aqua にする。
- ヒント 4：名称の欄で春分の日の背景色はピンク，みどりの日の背景色は緑にする。

国民の祝日(前半)

月	月日	名称
1月	1月1日	元日
1月	1月の第2月曜	成人の日
2月	2月11日	建国記念日
3月	3月21日	春分の日
4月	4月29日	昭和の日
5月	5月3日	憲法記念日
5月	5月4日	みどりの日
5月	5月5日	こどもの日

図 8.3 課題 14 の表示結果

【**課題 15**】 下記の猫のデータと画像を用い，図 8.4 の表示になる HTML ファイルを作成しなさい。

名前	性格
スコティッシュフォールド	穏やかで知的
アメリカンショートヘア	温厚でのんびり屋
ブリティッシュショートヘア	温和で甘えん坊

【猫のホームページ URL】
- スコティッシュフォールド
  http://www.konekono-heya.com/syurui/scottish_fold.html
- アメリカンショートヘア
  http://www.konekono-heya.com/syurui/american_short_hair.html
- ブリティッシュショートヘア
  http://www.konekono-heya.com/syurui/britishshorthair.html

【猫の画像】

スコティッシュ　　アメリカン　　ブリティッシュ

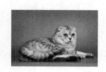

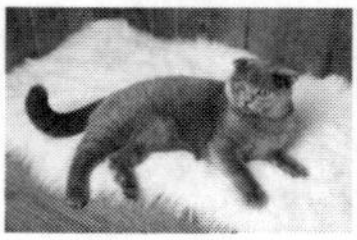

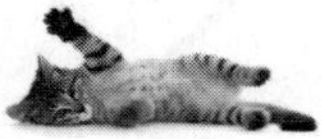

・ヒント1：表全体に border 属性で罫線を引く。

・ヒント2：border 表全体を bgcolor 属性で色 "#FFFFCC" にする。

・ヒント3：表の全セルは <td> タグを用いる。1行目は <tr> の bgcolor 属性で aqua を指定する。

・ヒント4：写真の幅 width="70"，高さ height="70" とする。

・ヒント5：写真は Moodle から圧縮ファイルをダウンロードし解凍後，WebContent フォルダの中の image フォルダにアップロードする。

・ヒント6：リンクはセル内で <a> タグを用い，上記 URL をクリックするとそれぞれの猫の説明ページに飛ぶようにする。

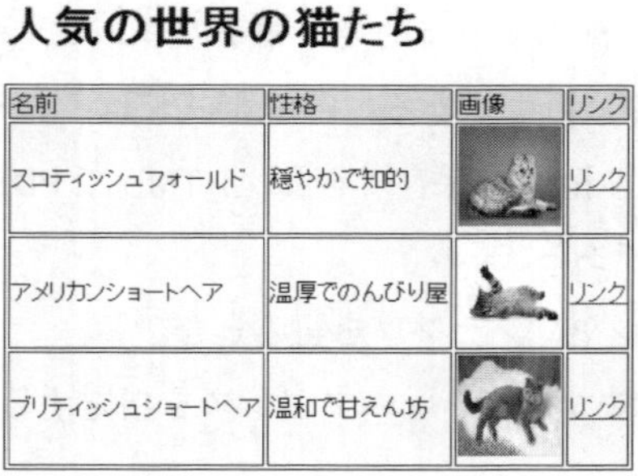
人気の世界の猫たち

名前	性格	画像	リンク
スコティッシュフォールド	穏やかで知的		リンク
アメリカンショートヘア	温厚でのんびり屋		リンク
ブリティッシュショートヘア	温和で甘えん坊		リンク

図8.4　課題15の表示結果

マルチメディアの表現

本章では動画や音楽などのマルチメディア表現を述べる。HTMLの旧バージョンでは，Flashなどのアドインソフトを使う必要があった。最新バージョンHTML5では，PDF文書，動画，音楽などをアドインなしに非常に簡単に表示できる。

9.1 PDFの表示

この節では，ブラウザによりPDFファイルを表示する方法を述べる。PDF (portable document format) ファイルとは，電子文書のためのフォーマットである。文書（イメージ）を電子的に配布する目的で，相手のコンピュータの機種やOSによらず，元の文書を正確に再生できる。PDF形式では，フォントや文字の大きさ，字飾り，画像などの情報を保存できる。HTMLでPDFファイルを表示する方法は以下のとおりである。

- <object>タグ：外部ファイルやコンテンツを組み込む。
- 属性data：組み込むファイルやコンテンツのアドレスを指定する（jpg画像やpdf文書など）。
- 属性type：ファイルやコンテンツのMIMEタイプを指定する（省略可）。
- 属性width, height：ファイルやコンテンツの幅（width），高さ（height）を指定する。

【HTML Tips 4】 拡張子について

ファイル名の最後のドット（.）から後ろの部分を拡張子と呼ぶ。index.htmlの拡張子は.htmlで，title.gifの拡張子は.gifである。拡張子はファイルが何であるかを示

9.1 PDF の 表 示　　77

す。例えば，.html は HTML 文書，.txt はテキスト文書，.gif は GIF 画像，.jpg は JPEG 画像ファイルであることを示す。Windows では標準の設定では拡張子は表示されない。［スタート］―［すべてのプログラム］―［アクセサリ］―［エクスプローラ］を起動し，［ツール］メニューの［フォルダオプション］―［表示］で，［登録されている拡張子は表示しない］のチェックをオフにすれば拡張子を表示できる。また Windows では，ファイルをダブルクリックしたときの動作は拡張子により決まる。例えば .txt のファイルをダブルクリックすると［メモ帳］が起動する。どの拡張子にどんな動作が割り当てられているかは，エクスプローラの［ツール］―［フォルダオプション］―［ファイルの種類］で確認することができる。

【HTML Tips 5】　**MIME タイプ**

Web の世界では，拡張子という概念のほかに MIME タイプという概念がある。MIME タイプとは「タイプ名/サブタイプ名」の形式の文字列で，Web サーバと Web ブラウザ間は MIME タイプを用いてデータ形式を指定している。例えば，MIME タイプには**表 9.1** のようなものがある。

表 9.1　MIME タイプ

ファイル形式	拡張子	MIME タイプ
テキスト	.txt	text/plain
HTML 文書	.htm&.html	text/html
XML 文書	.xml	text/xml
JavaScript	.js	text/javascript
VBScript	.vbs	text/vbscript
CSS	.css	text/css
GIF 画像	.gif	image/gif
JPEG 画像	.jpg&.jpeg	image/jpeg
PNG 画像	.png	image/png
CGI スクリプト	.cgi	application/x-httpd-cgi
Word 文書	.doc	application/msword
PDF 文書	.pdf	application/pdf

ブラウザがファイル xx.gif を Web サーバに要求する際，Web サーバは xx.gif のデータを「image/gif タイプのデータ」と伝え返却する。これによりブラウザは受け取ったデータを正常に処理できる。しかし Internet Explorer などのブラウザでは，MIME タイプの情報を無視し拡張子のほうを信用したり，MIME タイプや拡張子を無視して

ファイルの中身を見て,「text/plain とあるけど HTML 文書みたいだから HTML として表示する」とするブラウザもあり,期待通りには制御できないのが実状である。

【例 9.1】 地図の PDF を表示

地図の PDF ファイルを map.pdf とすると,この PDF をブラウザに表示する HTML プログラムと表示結果は次のようになる。表示結果を見てわかるように,ブラウザにより表示が少しずつ異なるが,正しく表示できている。

[**HTML プログラム**]

```
<!DOCTYPE html>
<html>
<head>   <meta charset="UTF-8" />  </head>
<body>
      <h1>地図の PDF を表示してみよう</h1>
      <object data="map.pdf" width=600 height=400>
</body>
</html>
```

[**表示結果**]

IE8　　　　　　　　Firefox　　　　　　　　Chrome

9.2 動画の再生

従来は動画の再生には QuickTime や FlashPlayer などのプラグインを用いて

9.2 動画の再生

きたが，本節ではHTML5のvideo要素を用いて，プラグインなしでブラウザ上で再生する方法について述べる。動画形式には，H264，OGG，WebM，MP4など数十種類存在するが，IE9のブラウザではvideo要素によりH264とMP4の再生が可能である。動画はタグ <video> を用いるとプラグインなしで再生できる。videoタグには以下に示すさまざまな属性があり，動画表示をコントロールできる。

- 属性 src：動画ファイルの（インターネット上の）アドレスを指定する。
- 属性 controls：動画の再生や停止ボタンなどの操作画面を表示する。
- 属性 autoplay：動画を読み込むと自動で再生するようにする。
- 属性 loop：再生終了後最初に戻り再生を続け，永久に再生を続ける。
- 属性 width, height：動画コンテンツの幅（width）と高さ（height）を指定する。

【例 9.2】 サンプル動画（**sample.mp4**）の再生

動画ファイルを sample.mp4 とすると，この動画をブラウザで再生するためのHTMLプログラムと再生結果は次のようになる。再生結果を見てわかるように，ブラウザにより表示が少しずつ異なるが，正しく表示できている。

[**HTMLプログラム**]

```
<!DOCTYPE html>
<html>
<head> <meta charset="UTF-8" /> </head>
<body>
        <h1> サンプル動画を表示 </h1>
        <h2> かわいい犬の様子（音声無し）</h2>
        <video src="sample.mp4" width=400 height=300
controls="controls"></video>
</body>
</html>
```

80 　9. マルチメディアの表現

[再生結果]

IE8

Firefox

Chrome

9.3 音楽の再生

　従来は音楽の再生にはLiveAudioやMIDPLUGなどのプラグインを用いてきたが，本節ではHTML5のaudio要素を用いて，プラグインなしのブラウザ上での再生方法について述べる。音声形式には，MP3，WAV，AACなど数十種類存在するが，IE9のブラウザではaudio要素によりMP3とAACの再生が可能である。

　音楽はタグ`<audio>`を用いるとプラグインなしで再生できる。audioタグには以下に示すさまざまな属性があり，音楽をコントロールできる。

- 属性`src`：音声ファイルの（インターネット上の）アドレスを指定する。
- 属性`controls`：音楽の再生や停止ボタンなどの操作画面を表示する。
- 属性`autoplay`：音声を読み込むと自動で再生するようにする。
- 属性`loop`：再生終了後最初に戻り再生を続け，永久に再生を続ける。

【例9.3】 サンプル音楽（**sample.mp3**）の再生

　音楽ファイルをsample.mp3とすると，この音楽をブラウザ上で再生するためのHTMLプログラムと再生結果は次のようになる。再生結果を見てわかるように，ブラウザにより表示が少しずつ異なるが，正しく再生できる。

[**HTMLプログラム**]

```
<!DOCTYPE html>
```

```
<html>
<head> <meta charset="UTF-8" /> </head>
<body>
      <h1> サンプル音声の再生 </h1>
      <audio src="sample.mp3" controls="controls"></audio>
</body>
</html>
```

［再生結果］

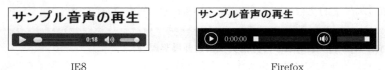

IE8

Firefox

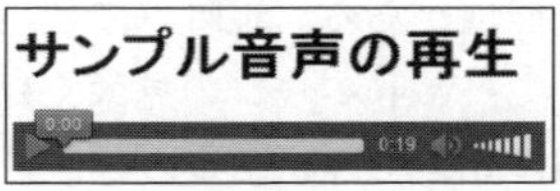

Chrome

【HTML Tips 6】 Eclipse のエラー（波線）

Eclipse の波線はエラーを表すが，それには二つの意味がある。一つは構文エラーで，正常にブラウザ表示されない場合であり，もう一つは警告で，正常にブラウザ

```
<!DOCTYPE html>
<html>
<head> <meta charset="UTF-8" /> </head>
<body>
    <h2>国民の祝日(前半)</h2>
    <table border bgcolor="yellow">
    <tr bgcolor="aqua">
        <th>月</th> <th>月日</th> <th>名称</th>
    </tr>
    <tr><td>1月</td><td>1月1日      </td><td>元日       </td></tr>
        <tr><td>1月</td><td>1月の第2月曜</td><td>成人の日  </td></tr>
        <tr><td>2月</td><td>2月11日 </td><td>建国記念日</td></tr>
        <tr><td>3月</td><td>3月21日 </td><td bgcolor="pink">春分の日  </td></tr>
        <tr><td>4月</td><td>4月29日 </td><td>昭和の日  </td></tr>
        <tr><td>5月</td><td>5月3日  </td><td>憲法記念日</td></tr>
        <tr><td>5月</td><td>5月4日  </td><td bgcolor="green">みどりの日</td></tr>
        <tr><td>5月</td><td>5月5日  </td><td>こどもの日</td></tr>
    </table>
</body>
</html>
```

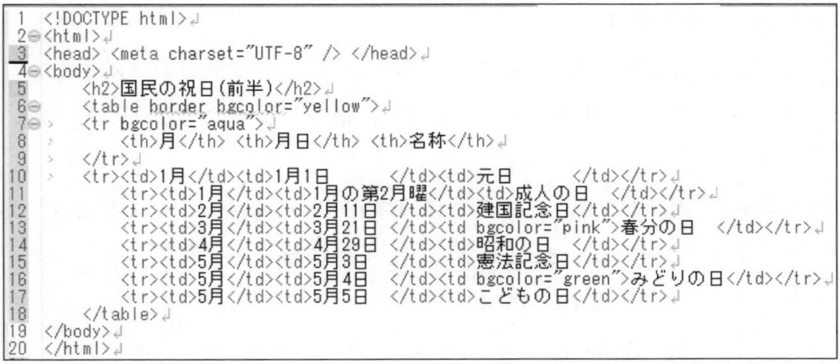

図 9.1 HTML で警告（波線）が出る例

表示されるが Web デザインの面からは好ましくなく，HTML5 以降では非推奨とされる場合である．しかし，警告は次章で CSS（スタイルシート）を学ぶことにより解消される場合が多い．

図 9.1 は二つ目の警告の例で，HTML では border と bgcolor 属性は非推奨なので波線がつく．

CSS を HTML と同時に学習するとこの問題は生じない．CSS を HTML と同時に学習しない理由は，初心者にとって十分 HTML に慣れてから CSS を学習するほうが，HTML についても CSS についてもよく理解ができるからである．現段階では CSS を学んでいないので，あえて警告の出るタグを用いる．なぜならば，警告の出ない HTML の命令だけでは見栄えのする面白い課題ができないからである．

【HTML Tips 7】 HTML5 の非推奨要素と非推奨属性

HTML は本来文書構造を定義する言語である．ゆえに，文書と見栄えを分離し，見栄えはスタイルシートによる指定を推奨する．現在は非推奨要素や属性の扱いは移行期にあり，今後変化する可能性がある．現時点で使用できる非推奨要素や属性もできるだけ使わないようにして，Web ページの見栄えは極力スタイルシートを使用するのが望ましい．以下に，HTML5 で廃止予定の非推奨要素と属性を示す．

① HTML5 で廃止予定の要素：`<font>`
② HTML5 で廃止予定の属性：`<body> background bgcolor`
　`<img> align`　`<table> width cellspacing bgcolor`
　`<td> bgcolor`　`<th> bgcolor`　`<tr> bgcolor`

【課題 16】 下記のヒントを参考にして，図 9.2 の表示になるような HTML プログラムを作成しなさい．

- ヒント 1：右部は画像 momiji.jpg，下部は音声 momiji.mp3 を表示する．
- ヒント 2：文章，画像，音声の幅は特に指定しない．文章は紅葉.docx から複写する．
- ヒント 3：画像と見出し「もみじの画像」は `align=right` で右寄せする．
- ヒント 4：音声は `controls` を追加して操作画面を表示する．
- ヒント 5：背景色は `#FFAA00` とする．
- ヒント 6：画像は image，音声は music フォルダに入れる．

9.3 音楽の再生   83

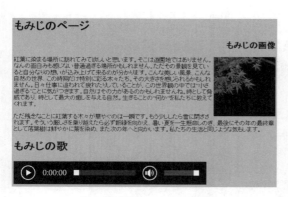

図 9.2 課題 16 の表示結果　　　図 9.3 課題 17 の表示結果

【課題 17】　下記のヒントを参考にして，図 9.3 の表示になるような HTML ファイルを作成しなさい．

・ヒント 1：説明文は野生動物.docx を pdf に変換し上部に配置する．
・ヒント 2：動画ファイル Wildlife.mp4 は下部に配置し controls を追加し操作画面を表示する．
・ヒント 3：上部下部とも高さ 300px，幅 500px，背景色は aqua とする．
・ヒント 4：上部と下部の間に <hr> タグで水平線を引く．
・ヒント 5：PDF ファイルは image，動画は music フォルダに入れる．

【追加課題 2】　下記のヒントを参考にして，図 9.4 の表示になるような HTML プログラムを作成しなさい．

・ヒント 1：左は文章（春が来た.pdf），右は画像（春が来た.jpg），下部は音楽 harugakita.mp3 を表示する．
・ヒント 2：文章と画像の幅は width=300，height=250，音楽は特に指定しない．
・ヒント 3：画像「春が来た」と見出し「春が来た」の画像ページは align=right で右寄せする．
・ヒント 4：音声は controls を追加して操作画面を出す．

9. マルチメディアの表現

- ヒント5：背景色は #FA58F4 とする。
- ヒント6：画像は image，音楽は music フォルダに入れる。

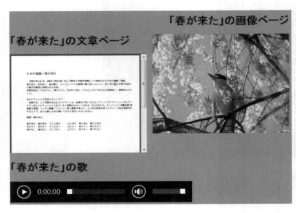

図 9.4　追加課題 2 の表示結果

CSS の指定方法

　本章では CSS でホームページをデザイン，すなわち，見栄えを細かく指定する方法を述べる．背景，文字の色，位置，サイズ，フォントの指定法を述べる．また，特定のタグだけに CSS を適用するセレクタについて学ぶ．

10.1　CSS（スタイルシート）の役割

　CSS（cascading style sheet）とは，HTML 文書のデザイン（文書の内容ではなく見栄え）を定義する．なぜ HTML 文書に CSS が必要なのかは二つの理由がある．一つは，例えば全 100 ページの Web サイトに同じデザインをしようとするとき，CSS を使用すれば 1 か所背景色を変更するだけで 100 ページの背景色が変わる．すなわち，文書の内容を HTML，デザインを CSS で管理すると，文書やデザインの修正や追加などのメンテナンスが楽になる．もう一つは，構造とデザインを分けることにより，Yahoo! や Google などの検索エンジンがページ内容を理解しやすくなり，ページを適正に評価してくれる．したがって，SEO にも効果的である．SEO は search engine optimization の略で，検索エンジンで検索結果の上位にページを表示させる技術のことをいう．

　次に CSS のない例とある例を，ある Web サイト，CAFE のトップページで見てみる．図 10.1 は CSS を使わない例，図 10.2 は CSS を使った例である．これらの図から，CSS を使わなくてもある程度の Web ページを作成できるが，CSS を使うとメニュー，メニュー項目見出しなどで細かな設定ができ，見栄えがよくデザインセンスのあるサイトができる．

図 10.1　CSS を使わない例

図 10.2　CSS を使った例

10.2　CSS の指定方法

CSS の指定方法には内部組込み法と外部ファイル法があり，それぞれ特徴がある。内部組込み法は，HTML の中に style タグを配置し，その中に CSS を組み込む。style タグの内容はその HTML のみで有効となる。特定ページでのみ適用したいスタイルに有効である。一方，外部ファイル法は，HTML ファイルとは別に CSS 専用のファイルを用意し，head タグ内に link タグを記述して CSS を読み込む方法である。

10.2.1　内部組込み CSS の指定方法

HTML 文書の <head> タグの中に CSS そのものを記述する。

```
<head>
    <style type="text/css">
        body {  color : red;  }    ←CSS
    </style>
</head>
```

これは body ページ全体の文字色を赤色に指定する意味をもつ。

10.2.2　外部 CSS ファイルの指定方法

これはさらに 2 通りの方法に分かれ，HTML 文書に CSS ファイル参照指定と外部 CSS ファイルの記述がある。

①　HTML 文書に CSS ファイル参照指定

```
<head>
    <link rel="stylesheet" type="text/css" href="css/
    Kadai10.css" />
</head>
```

②　外部 CSS ファイル（Kadai10.css）の記述

```
@charset "utf-8";
body { color : red }          ← CSS
```

これも内部組込み CSS と同じく，body ページ全体の文字色を赤色に指定する意味をもつ。

HTML ファイルと CSS ファイルが分かれると混同して混乱する場合がある。したがって，理解のしやすさを優先して，本書では，HTML と CSS を一つのファイルに記述する「内部組込み CSS」を用いる。

CSS の書き方は，まず CSS 修飾したい範囲（タグなど）を指定する（セレクタ）。次にその範囲の何を修飾したいかを指定する（プロパティ）。最後にその部分をどのように修飾するかを指定する（値）。すなわち，次のように書くことができる。

```
セレクタ  {  プロパティ  :  値  }
```

CSS の書き方の例として，文字の色を赤色にする CSS を**図 10.3** に示す。

88   10. CSS の指定方法

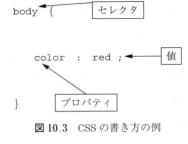

図 10.3 CSS の書き方の例

10.3 背　　　景

図 10.4 のように CSS で背景を青に変えるには，HTML 文書の中の <head>
〜 </head> タグの中の，<style type="text/css"> 〜 </style> の中
に次の CSS を挿入する。

```
body {
background-color:blue;
}
```

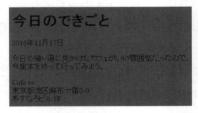

図 10.4 背景色を変える CSS の表示結果

HTML では非推奨だが，<body> タグの中に次のように記述することもできる。

```
<body bgcolor=blue>  〜  </body>
```

CSS を含む HTML プログラムを次に示す。

```
<!DOCTYPE html>
<html>  <head>
     <meta charset="UTF-8" />
```

```
        <title>ページの背景に色をつけよう</title>
        <style type="text/css">
            body { background-color: #3366FF; }
        </style>
</head>
<body>
        <h1>今日のできごと</h1>
        2016 年 11 月 17 日 <br />
        <p>今日の帰り道に見かけたカフェがいい雰囲気だったので、<br />
            今度本を持って行ってみよう。</p>
        <p> Cafe es<br />
            東京都港区麻布十番 0-0<br />
            あすなろビル 1F    </p>
</body>  </html>
```

10.4 文　字　色

図 10.5 のように CSS で見出し h1 の文字色を #CCFFFF に変えるには，<style type="text/css"> 〜 </style> の中に次の CSS を挿入する。

```
h1 {
color : #CCFFFF;
}
```

図 10.5　文字色を変える CSS の表示結果

文字色を変えるには，<h1> タグの中に次のように記述することもできるが，HTML では非推奨なのであまり使うべきではない。

`<h1>  <font color=#CCFFFF>  〜  </font> </h1>`

CSS を含む HTML プログラムを次に示す。

```
<!DOCTYPE html>
<html> <head>
    <meta charset="UTF-8" />
    <title> 見出しの文字の色を変更しよう </title>
    <style type="text/css">
        body {  background-color: #3366FF;  }
        h1 {   color: #CCFFFF;   }
    </style>
</head>
<body>
    <h1> 今日のできごと </h1>
    2016 年 11 月 17 日 <br />
    <p> 今日の帰り道に見かけたカフェがいい雰囲気だったので、<br />
    今度本を持って行ってみよう。</p>
  <p> Cafe es<br />
    東京都港区麻布十番 0-0<br />
    あすなろビル 1F    </p>
</body>  </html>
```

10.5 文 字 位 置

図 10.6 のように CSS で見出し h1 の横位置をセンター（center）にするには，<style> の中に次の CSS を挿入する。

```
h1 {
text-align : center;
}
```

図 10.6 <h1> の横位置を中央にする CSS の表示結果

HTML では非推奨だが，CSS を使わずに <h1> タグの中に次のように記述しても文字位置を変えることができる．

```
<h1 align=center>  ～   </h1>
```

CSS を含む HTML プログラムを次に示す．

```
<!DOCTYPE html>
<html> <head>
    <meta charset="UTF-8" />
    <title> 見出しの文字をセンターにしよう </title>
    <style type="text/css">
        body {  background-color: #3366FF;  }
        h1 {   color: #CCFFFF;
               text-align: center;   }
    </style>
</head>
<body>
    <h1> 今日のできごと </h1>
    2016 年 11 月 17 日 <br />
    <p> 今日の帰り道に見かけたカフェがいい雰囲気だったので、<br />
    今度本を持って行ってみよう。</p>
<p>Cafe es<br />
    東京都港区麻布十番 0-0<br />
    あすなろビル 1F</p>
</body> </html>
```

10.6 文字サイズ

図 10.7 のように CSS で見出し h1 と段落 p の文字サイズを 30px と 1.5em に変えるには，<style> の中に次の CSS を挿入する．

```
h1 { font-size : 30px; }
p { font-size : 1.5em; }
```

HTML では非推奨だが，CSS を使わずに <h1> タグの中に次のように書いても文字サイズを変えることができる．

```
<h1><font size=30px>
～
</font></h1>
```

図 10.7 <h1> と <p> の文字サイズを 30px と 1.5em にする CSS の表示結果

CSS を含む HTML プログラムを次に示す．

```
<!DOCTYPE html>
<html>
<head>
    <meta charset="UTF-8" />
    <title> 見出しと段落の文字サイズを変えよう </title>
    <style type="text/css">
        h1 { font-size : 30px; }
        p { font-size : 1.5em; }
    </style>
</head>
<body>
    <h1> 文字サイズを変える </h1>
    <p> 好きなカフェでは，ソファーがあってコーヒーが飲める．</
```

```
p>
</body>
</html>
```

【HTML Tips 8】 HTML における文字の単位

ここで HTML の文字の単位についてまとめておく。文字の単位には次のようなものがある。

- pt：1 ポイントとは 1/72 インチの絶対単位である。font-size を 72pt に指定すると文字はモニタ解像度にかかわらず 1 インチである。DTP の世界では，文字サイズは pt を用いることが多い。
- px：画面のピクセル数を示し解像度に依存。1 ピクセルは画面の小さな 1 点。サイトの画像サイズは pixel，文字サイズは px。96dpi の解像度では 96px が 1in（2.54cm）で，`font-size:16px` のとき 1 文字は縦横 16 × 16 個の px が正方形に並ぶ。px では IE9 以前は正しく拡大できない。
- em：基準要素のフォントサイズを 1 とした倍率である。例えば p で 16pt を指定する場合，0.75em は 16pt × 0.75=12pt となる。サイズを指定しない場合は 1 文字 16px なので 1em=16px である。強調の <em> とは無関係で，基準文字「M」に由来する。
- ％は基準文字に対し何％で表示するかを指定。100％は 1 文字分になる。font-size を指定しないと，16px なので 100％=16px となる。
- ex：英小文字「x」の高さ（x-height）を 1 とした倍率。小文字に合わせた調整は有効だが，同じサイズでも異なって表示されるなど，トラブルがあるので推奨されない。

10.7 フォントの変更

フォントの指定は font-family 属性を用い，値として英文フォント，日本語フォント，フォントファミリの順に指定する。指定フォントがない場合は，フォントファミリの中から適切なフォントを選ぶ。**図 10.8** にフォントファミリの例を示す。

10. CSSの指定方法

```
明朝系serif
ゴシック系sans-serif
筆記体系cursive
飾り文字fantasy
等幅monospace
```

```
Verdana
MS Pゴシック
MS ゴシック
MS P明朝
Geogia
```

図 10.8　フォントファミリの例

図 10.9 のように，CSS でページ全体の英文フォント Verdana，日本語フォント MS P ゴシック，フォントファミリ（指定フォントがない場合）を指定するには，次のように書く。

```
body {
        font-family : Verdana, "MS Pゴシック ", sans-
        serif ;
}
```

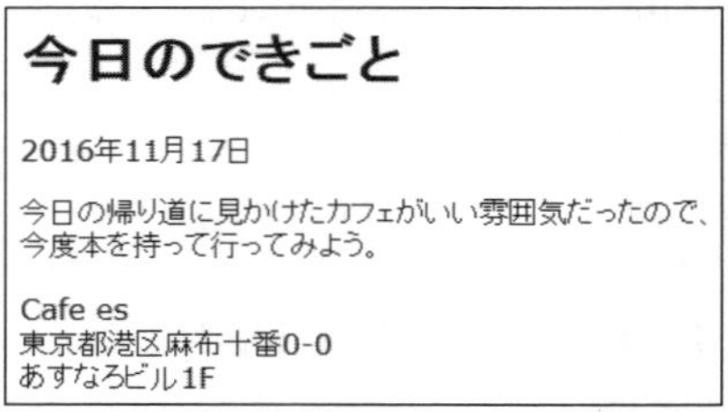

```
今日のできごと
2016年11月17日
今日の帰り道に見かけたカフェがいい雰囲気だったので、
今度本を持って行ってみよう。

Cafe es
東京都港区麻布十番0-0
あすなろビル1F
```

図 10.9　<body> にフォント Verdana, "MS P ゴシック"，sans-serif を設定する CSS 表示結果

CSS を含む HTML プログラムを次に示す。

```
<!DOCTYPE html>
<html>
<head>
      <meta charset="UTF-8" />
      <title>フォントを変更しよう</title>
      <style type="text/css">
         body {
```

```
                font-family: Verdana,"MS P ゴシック ", sans-serif;
         }
      </style>
   </head>
   <body>
      <h1>今日のできごと</h1>
      2016 年 11 月 17 日 <br />
      <p>今日の帰り道に見かけたカフェがいい雰囲気だったので、<br />
         今度本を持って行ってみよう。</p>
      <p>Cafe es<br />
         東京都港区麻布十番 0-0<br />
         あすなろビル 1F</p>
   </body>
</html>
```

【HTML Tips 9】 CSS のプロパティの種類

① フォントとテキスト

　フォントやテキスト表現は多くのプロパティが定義されている。その中でフォントサイズ，フォントスタイル，フォントウェイトと文字装飾，行の高さ，文字間隔，位置揃え，インデントを取り上げる。

・フォントサイズ

　font-size プロパティで設定する。値は em や % 指定のほか，small, medium, large で指定できる。em や % で指定する相対指定の場合は親要素との比率となる。印刷用スタイルシートでは pt を使う絶対指定も有効である。

・フォントスタイル

　font-style プロパティで斜体文字を設定する。値は normal, italic, oblique。実際は italic が多く使われる。

・フォントウェイト

　font-weight プロパティで文字の太さを設定する。値は normal, bold, bolder, lighter, 100 〜 900（絶対指定 100 刻み）である。現実は bold か normal しか

使わない。

・文字装飾

text-decoration プロパティで下線などの文字装飾を設定する。値は none, underline, overline, line-through, blink である。

・行の高さ（行送り）

line-height プロパティで行の高さを設定する。値は normal（一般的）のほか、数字のみ示し基準値との倍率を表す。例えば line-height: 2 と設定する。「行間」は行の高さから1を引いた値になる。ブラウザ画面は文字が詰まり読みにくいので、効果的に使いたい。

・文字間隔

letter-spacing プロパティで文字間隔を設定する。値は normal が一般的である。文字量の多い文章は、line-height と組み合わせ、読みやすい画面にできる。

・位置揃え

text-align プロパティで行位置揃えを設定する。値は left, center, right, justfy である。

・行頭のインデント

text-indent プロパティで行頭の字下げを設定する。値は一般的サイズを設定する。

② 色

色はとても目を引く効果が大きい。上手に使うと非常に読みやすく、印象的なデザインができる。

・文字色

color プロパティで文字色を設定する。値は色の名前か色コードである。文字色は blue, #3c3, rgb (240, 64, 64), rgb (10%, 10%, 50%) などと指定する。

③ 背景効果

背景効果はとても目を引く効果をもつ。上手に使うと、非常に読みやすく印象的なデザインができる。背景は色や画像を指定できる。body だけでなく、あらゆるセレクタに背景を指定できる。

・背景色

background-color プロパティで背景色を設定する。値は transparent か色値である。背景色はブロックのほかに文字単位で指定できる。

・背景画像

background-image プロパティで背景画像を設定する。値は none か url (URI) である。

・背景画像の並び

10.7 フォントの変更

background-repeat プロパティで背景画像の並び方（繰り返し方向）を設定する。値は repeat, repeat-x, repeat-y, no-repeat である。

④ width と height

width, height プロパティの値は一般サイズか auto である。％を指定すると最も近いブロック親要素との割合となる。

【課題 18】 CSS を用い，図 10.10 の表示になるような HTML ファイルを作成しなさい。

・ヒント 1 : 1 行目は <h2> タグ，2 行目は <p> タグを使う。
・ヒント 2 : CSS を用い，background-color 属性を使い，全体の背景色は #99FFCC（水色），段落 p の背景色は yellow を用いる。
・ヒント 3 : 1 行の見出しの文字色は赤，位置は中央揃えとする。

背景色の変更

CSSでこのページの背景色を変更しましょう。

図 10.10　課題 18 の表示結果

【課題 19】 CSS を用い，図 10.11 の表示になるような HTML ファイルを作成しなさい。

・ヒント 1 : 1 行目は <h2> タグ，2 行目は <p> タグを使う。
・ヒント 2 : 1 行目のフォントは，英文：Georgia，日本語：MS 明朝（MS は全角，スペースは半角），ファミリ：serif とする。
・ヒント 3 : 2 行目は font-size を 1.3em とする。

フォントとサイズを変更しよう

おはようございますは英語でGood morningです。

図 10.11　課題 19 の表示結果

【追加課題 3】 CSS を用い，図 10.12 の表示になるような HTML ファイルを作成しなさい。

- ヒント1：全体の背景色を青にする。
- ヒント2：1行目は <h1> タグ，2行目以降は <p> タグを用いる。
- ヒント3：1行目のフォントは，英文：Georgia，日本語：MSゴシック（MS全角，スペース半角，ゴシック全角），ファミリ：serif。
- ヒント4：1行目の文字色は白。
- ヒント5：2行目以降はフォント種類指定なし，font-size を 1.5em，文字色を黄とする。また行間隔（line-height）を 200％にする。

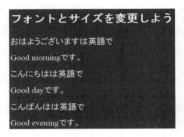

図 10.12　追加課題 3 の表示結果

10.8　セレクタ

CSS のセレクタとはスタイル設定の適用対象のことであり，次のように記述する。

```
セレクタ {　プロパティ　:　値　;　}
```

ここで，セレクタはスタイル設定の対象，プロパティは対象の中で何を設定するかを表す。値は設定する値を示す。例として，見出しタグ <h1> に含まれる文字の色を青色に設定するとき，

```
h1 {　color : blue ; }
```

となり，HTML 要素の h1 がセレクタ，color がプロパティ，blue が値である。また，{ } 内の最後の「;」はプロパティの終了を示し，複数のプロパティ指定時はこれで区切る。

10.8 セレクタ

CSS のセレクタの指定方法にはいろいろな種類があり，理解しないと余分なコードを書いたり，思い通りのスタイルにならないので注意すべきである。

CSS のセレクタの指定方法には次のようなものがある。

① 要素セレクタ：同一の HTML 要素すべてにスタイルを指定する（通常の指定方法）。
② グループセレクタ：複数の異なる要素をグループとして指定する。
③ クラスセレクタ：ある要素をグループ（クラス）に分け，クラスごとにスタイルを指定する。
④ ID セレクタ：特定の HTML 要素に ID 属性を設定し，スタイルを指定する。
⑤ 全称セレクタ：アスタリスク（*）を記述して，すべての要素にスタイルを適用する。

① **要素セレクタ**

要素セレクタとは，通常の指定方法で，ある HTML 要素を対象にスタイルを設定し，同一の HTML 要素すべてに適用される。例えば

```
p { font-size : 18px; }
```

は，すべての <p> 要素に含まれるすべての文字のフォントを 18 ポイントに設定する。

【例 10.1】 **<body> と <h2> タグに CSS を適用した例**

いずれも要素セレクタである。

［**HTML プログラム**］

```
<!DOCTYPE html>
<html> <head>
    <meta charset="UTF-8" />
    <style type="text/css">
        body { background-color : blue; }
        h2   { color            : white; }
    </style>
</head>
```

```
<body>
        <h2> 今日のできごと </h2>2016 年 11 月 1 日
        <p> 今日の帰り道に見かけたカフェがいい雰囲気
だったので、今度本を持って行ってみよう。</p>
        <h2>Cafe es</h2>
        東京都港区麻布十番 0-0<br />
        あすなろビル 1F</p>
</body> </html>
```

[表示結果]

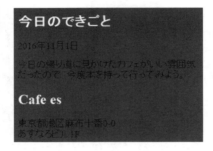

② グループセレクタ

　グループセレクタとは，複数の異なる要素をグループとして指定する方法で，要素間はカンマで区切る。例えば

```
h1, h2 { background-color : #FFFFFF }
```

は，<h1> タグと <h2> タグの背景色をまとめて（同時に）同じ色 #FFFFFF（白色）に指定する。

【例 10.2】 <h2> と <h3> と <p> タグに CSS を適用した例

　h2, h3, p タグをグループセレクタとして用い，いずれのタグの文字色も blue（青色）に設定する。

[HTML プログラム]

```
<!DOCTYPE html>
<html> <head>
        <meta charset="UTF-8" />
```

```
        <style type="text/css">
            h2,h3,p { color : blue; }
        </style>
    </head>
    <body>
        <h2> 今日のできごと </h2>
        2016 年 11 月 1 日
        <p> 今日の帰り道に見かけたカフェがいい雰囲気だったので、今度
本を持って行ってみよう。</p>
        <h2>Cafe es</h2>
        <h3> 東京都港区麻布十番 0-0<h3/>
        <h3> あすなろビル 1F<h3>
    </body>
</html>
```

[表示結果]

今日のできごと

2016年11月1日

今日の帰り道に見かけたカフェがいい雰囲気
だったので、今度本を持って行ってみよう。

Cafe es

東京都港区麻布十番0-0

あすなろビル1F

③ **クラスセレクタ**

クラスセレクタとは，同じ要素でも異なる CSS 設定をするときに使い，要素毎クラスセレクタと全タグクラスセレクタに分類される。

③-1 **要素毎クラスセレクタ**

クラスセレクタには，ある要素をグループ（クラス）に分け，クラスごとにスタイルを指定し，特定のタグに指定する方法（要素毎クラスセレクタ）と，すべてのタグに指定する方法（全タグクラスセレクタ）がある。要素毎クラスセレクタは次のように記述する。

```
タグ名.クラス名 { プロパティ : 値; }
```

ここで，指定は特定のタグのクラスに設定し，そのクラスに対してのみ，プロパティと値を設定する。

例として，段落タグ <p> でクラスが right のタグに対して，段落内の文字列を右寄せするには，次の CSS の記述となる。

```
p.right { text-align : right }
```

HTML でこのクラスを使用するには次のように記述する。

```
<p class="right">詳しい情報1</p>
<p class="right">詳しい情報2</p>
```

これは，class=right をもつ <p> タグ内の文字列を右寄せにする。

【例10.3】 要素毎クラスセレクタの設定例

<p> タグにクラス属性として p.hot と p.cool を設定し，前者は文字列の色を赤色，後者は青色に設定する。HTML では <p class="red"> と設定した段落の文字列は赤色，<p class="blue"> と設定した段落の文字列は青色となる。

[**HTML** プログラム]

```
<!DOCTYPE html>
<html>
<head>
    <meta charset="UTF-8" />
    <style type="text/css">
        p.hot { color :red; } p.cool {color : blue; }
    </style>
</head>
<body>
    <h2>クラスセレクタの例1</h2>
        <p class="hot">ホットな内容は赤で表示</p>
    <p class="cool">クールな内容は青で表示</p>
    <p class="hot">再度ホットな内容は赤で表示</p>
```

```
</body>
</html>
```

[表示結果]

クラスセレクタの例1

ホットな内容は赤で表示

クールな内容は青で表示

再度ホットな内容は赤で表示

③-2 全タグクラスセレクタ

クラスセレクタには，要素毎クラスセレクタによるクラス設定のほかにもう一つのクラス指定法がある。それは，すべてのタグにある特定のクラスを指定する方法（全タグクラスセレクタ）である。全タグクラスセレクタは次のように記述する。

指定2：タグ名省略し「．クラス名」
　　　　（すべてのタグに共通のクラスを設定）

ここで，指定はすべてのタグのクラスに設定し，プロパティと値を設定する。

例として，すべてのタグのクラス名を right に設定し，全タグ内の文字列を右寄せに設定するには，次の CSS の記述となる。

CSSでのクラス定義：.right { text-align : right; }

HTML でこのクラスを使用するには，次のように記述する。

```
<h2 class="right">h2 の情報を見る </h2>
<h3 class="right">h3 の情報を見る </h3>
<p class="right">p の情報を見る </p>
```

これは，class=right をもつすべてのタグ（h2 タグ，h3 タグ，p タグ）内の文字列を右寄せにする。

【例 10.4】 全タグクラスセレクタの例

全タグのクラス属性として .red を設定し，文字列の色を赤色に設定する。HTML では <h2> の一部と <h3> と <p> の一部で class="red" を設定した

タグの文字列は赤色となる。

[**HTML** プログラム]

```
<!DOCTYPE html>
<html> <head>
        <meta charset="UTF-8" />
        <style type="text/css">
           .red { color :red; }
        </style>
</head>
<body>
        <h2> クラスセレクタの例 2</h2>
        <p> ここは CSS の指定なし。
        <h2 class="red">h2.red です </p>
        <h3 class="red">h3.red です </p>
        <p  class="red">p.red です </p>
</body> </html>
```

[表示結果]

クラスセレクタの例2

ここはCSSの指定なし。

h2.redです

h3.redです

p.redです

④ **ID** セレクタ

ID セレクタとは，HTML 要素に ID 属性を設定しスタイルを指定する。重複がないようにつけ，一つの文書で同じ ID をもつ要素は二つ以上存在しない。例えば CSS で

```
#list { color : red; }
```

は，ID=#list のもつタグの文字列は赤色に設定される。HTML でこのクラスを使用するには次のように記述する。

```
<ul  id = "list">
```

これは，id名がlistのタグulに含まれる文字列の色を赤色にする。

【例 10.5】 ID セレクタの例

IDとして#coolを設定し値は文字色を青色，テキスト位置を右寄りに設定する。HTMLではある段落 <p> にIDを <p id="cool"> のように設定し，その段落のみが文字色が青色，テキスト位置が右寄りになる。

[**HTML プログラム**]

```html
<!DOCTYPE html>
<html>
<head>
    <meta charset="UTF-8" />
    <style type="text/css">
        p.hot { color :red; }
        #cool { color : blue;
                text-align : right; }
    </style>
</head>
<body>
    <h2>idとclassセレクタの例</h2>
    <p class="hot">ホットな内容は赤</p>
    <p id="cool">クールな内容は青</p>
    <p class="hot">再度ホットな内容は赤</p>
</body>
</html>
```

[表示結果]

idとclassセレクタの例

ホットな内容は赤

　　　　　　　　　　　　クールな内容は青

再度ホットな内容は赤

⑤ **クラスセレクタとIDセレクタの違い**

ここで，よく似ており間違いやすいセレクタであるクラスセレクタと ID セレクタの違いについてまとめておく。

⑤-1 **クラスセレクタ**：同じ要素の種類でも，役割の異なる要素群に異なるスタイルを適用する。同じ要素でも違ったデザインを施す場合に有効である。つまり，同じ class 名を文書中に何度でも使える。

⑤-2 **ID セレクタ**：一つの文書で同じ ID 属性値をもつ要素は二つ以上存在しない。したがって，文書中の特定要素を指定しスタイルを適用する場合に有効である。つまり，同じ ID 名は 1 文書中に 1 度しか使えない。

⑥ **全称セレクタ**

アスタリスク（*）を記述して，すべての要素にスタイルを適用するセレクタである。書式は

```
* { プロパティ名 : 値; }
```

でスタイル適用対象はすべての要素である。例として

```
* { color : blue; }
```

は，すべての要素の中の文字列を blue（青色）に指定する。

【例 10.6】 全称セレクタの例

h2, p, strong は同じ CSS 設定（color blue）となり，すべての文字が青色になる。

[**HTML プログラム**]

```
<!DOCTYPE html>
<html> <head>
    <meta charset="UTF-8" />
    <style type="text/css">
        * { color : blue;}
    </style>
</head>
<body>
    <h2> 今日のお天気 </h2>
    <p> 今日は <strong> 晴れ </strong> です。 </p>
```

```
        <h2>明日のお天気</h2>
        <p>明日は<strong>雨</strong>です。</p>
</body> </html>
```

[表示結果]

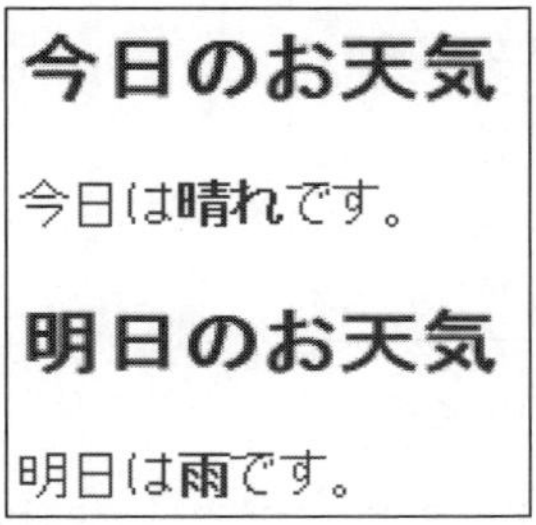

今日のお天気

今日は**晴れ**です。

明日のお天気

明日は**雨**です。

【課題20】 クラスセレクタCSSを用い，図10.13の表示になるようなHTMLファイルを作成しなさい。

・ヒント1：1行目は<h1>タグ，2～4行目は<p>タグ。
・ヒント2：1行目の文字サイズは20px。
・ヒント3：2～4行目は，<p>に対して，CSSで下記のクラスセレクタ設定によりクラス設定をする。
  2行目：クラス pt：120％；3行目：クラス key：x-large；
  4行目：クラス em：2em；

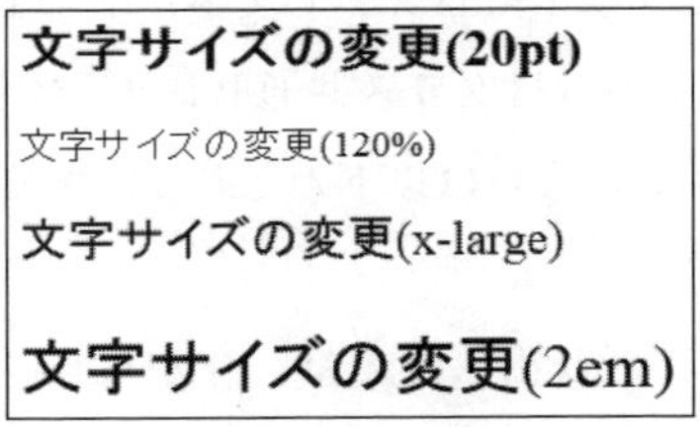

文字サイズの変更(20pt)

文字サイズの変更(120%)

文字サイズの変更(x-large)

文字サイズの変更(2em)

図10.13 課題20の表示結果

【課題21】 下記ヒントを参考に，図10.14の表示になるようなHTMLファイルを作成しなさい。

・ヒント1：bodyの背景色は黄色，二つの見出しはh3タグを用いる。
・ヒント2：上のリストはulタグ，下はolタグを用いる。

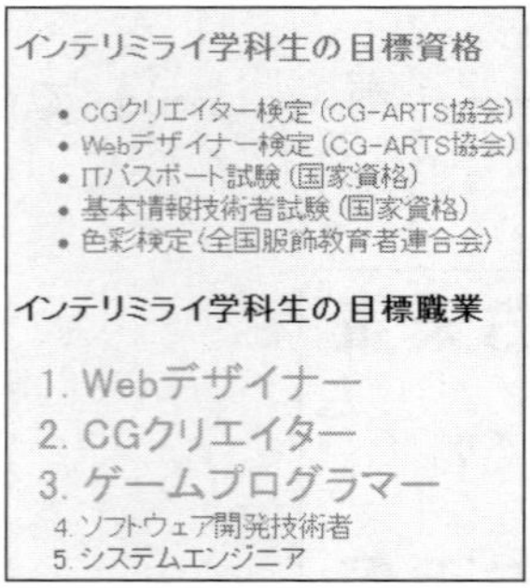

図 10.14　課題 21 の表示結果

- ヒント 3：上部リストは，全タグクラスタで文字色を赤に設定する。
- ヒント 4：ol リストはクラスセレクタで項目 1〜3 の文字色を violet，サイズを 25px に設定する。
- ヒント 5：ol リストの項目 4, 5 は id セレクタで文字色を赤，青に設定。

【追加課題 4】　図 10.15 の表示になるような HTML ファイルを作成しなさい。

- ヒント 1：本課題で使用する文章と表示例は下記を参照する。
- ヒント 2：CSS で body 背景色（赤）とテキストを中央寄せにする。
- ヒント 3：二つの見出しは h2 タグ，文章は p タグを用いる。
- ヒント 4：上部 h2 はクラスセレクタで白色にする。
- ヒント 5：上部 p はクラスセレクタで文字サイズ 15px と黄色にする。
- ヒント 6：下部の h2 と p はクラス共通セレクタで色を aqua にする。
- ヒント 7：課題で用いる文章は以下のとおりである。

宇宙の世界へようこそ

人類が初めて宇宙に飛び出したのは、今から 55 年前の 1961 年のことです。ガガーリン飛行士の「地球は青かった」の言葉は、人類の宇宙開発の歴史を記す第一歩でした。宇宙時代を迎えてさまざまな宇宙との出会いがあるでしょう。

それでは宇宙の旅へと出発です。

21 世紀の人類の大いなる夢を乗せて、宇宙船アトラス号へご案内します。

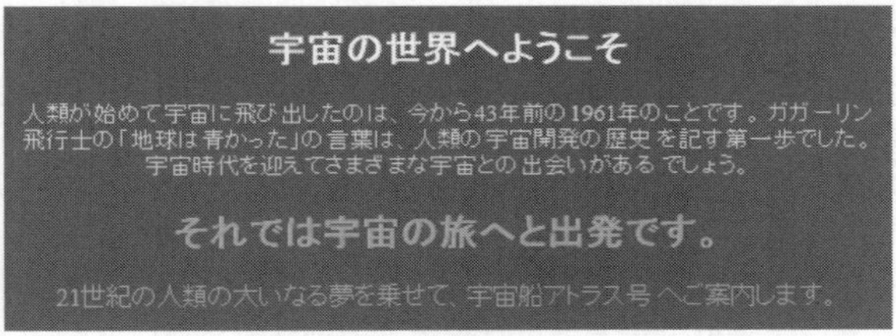

図 10.15 追加課題 4 の表示結果

10.9 ボックスモデル

10.9.1 ボックスモデルとは
CSS のボックスモデルは次のような特徴がある。
- 文書内のすべての要素は，ボックスと呼ばれる四角形の領域を生成する。
- 各ボックスはテキストや画像などの内容領域（ContentArea）をもつ。
- 周辺にパディング（Padding），ボーダー（Border），マージン（Margin）の順に周辺領域をもつ。
- 領域の大きさは各プロパティによって指定する。
- 各領域の境界を辺（Edge）と呼び，辺は上下左右の 4 辺に分けることができ，各辺にスタイルを指定できる。

10.9.2 ボックスモデルの構成要素
ボックスモデルは次の構成要素をもつ。
- 内容表示領域：テキストや画像を表示（幅は width，高さは height）
- パディング：内容とボーダーとの余白
- ボーダー：パディングとマージンの境の枠線
- マージン：ボックスの外側の余白（ボーダーと他の要素間の余白）

10.9.3 ボックスモデルの関係

ボックスモデルの構成要素であるマージン，ボーダー，パディングの関係を図 10.16 に示す。

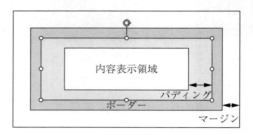

図 10.16 マージン，ボーダー，パディングの関係

10.9.4 ボックスモデルの適用タグ

ボックスの種類は display プロパティで指定でき，ブロックボックス（block）やインラインボックス（inline）がある。下記のタグはブロックボックスとしてスタイルが指定されている。

（body, dd, div, dl, dt, h1 ～ h6, hr, html, ol, p, pre, ul）

① マージン 1

マージンとはボックスの外側の余白であり，隣接要素があればそこからの余白のことである。ここではマージンを個別に指定する方法を述べる。

margin-top：値　margin-bottom：値　margin-left：値　margin-right：値

値は px（ピクセル），pt（ポイント 0.35mm），cm，mm，in（インチ 25mm），pc（パイカ 4.2mm），% などである。

【例 10.7】 マージン個別指定の例

[HTML プログラム]

```
<!DOCTYPE html>
<html>
<head>
```

10.9 ボックスモデル

```
<meta charset="UTF-8">
<style type="text/css">
     p { margin-top : 35px;  margin-left : 70px;
         background-color : green;
         color            : white;  }
</style>
</head>
<body>
      <p> 今領域はテキストなどのコンテンツ <br />
      内容を表示する領域である。マー <br />
      ジンは外側の余白のことをいう。 </p>
</body>
</html>
```

[表示結果]

② マージン2

ここでは上下左右のマージンをまとめて指定する方法を述べる。

- ・上下左右　　　margin:30px
- ・上下・左右　　margin:30px 20px
- ・上・左右・下　margin:30px 40px 20px
- ・上・右・下・左　margin:30px 40px 20px 30px

値はpx（ピクセル），pt（ポイント0.35mm），cm，mm，in（インチ25mm），pc（パイカ4.2mm），％などである。

【例10.8】 マージン一括指定の例

[HTMLプログラム]

```
<!DOCTYPE html>
<html>
<head>
```

```
<meta charset="UTF-8">
<style type="text/css">
     p { margin           : 40px 30px 50px;
         background-color : green;
         color            : white;   }
</style>
</head>
<body>
     <p> 今領域はテキストなどのコンテンツ <br />
     内容を表示する領域である。マー <br />
     ジンは外側の余白のことをいう。</p>
</body>
</html>
```

[表示結果]

③ パディング1

パディングとはボックスの内側の余白, すなわち, 要素内容とボーダーとの余白である。ここではパディングを個別に指定する方法を述べる。

 padding-top:値 padding-bottom:値

 padding-left:値 padding-right:値

値は px（ピクセル）, pt（ポイント 0.35mm）, cm, mm, in（インチ 25mm）, pc（パイカ 4.2mm）, %などである。

【例 10.9】 パディング個別指定の例

[**HTML プログラム**]

```
<!DOCTYPE html>
<html>
<head>
```

```
<meta charset="UTF-8">
<style type="text/css">
      p { padding-top : 30px; padding-bottom :40px;
            padding-left : 60px; padding-right : 20px;
            background-color : green;
            color : white; }
</style>
</head>
<body>
      <p>今領域はテキストなどのコンテンツ <br />
      内容を表示する領域である。パディング <br />
      はボックスの内側の余白のことをいう。</p>
</body>
</html>
```

[表示結果]

④　パディング 2

ここではパディングをまとめて指定する方法を述べる。

　　上下左右　　　　padding:30px

　　上下・左右　　　padding:30px 20px

　　上・左右・下　　padding:30px 40px 20px

　　上・右・下・左　padding:30px 40px 20px 30px

　値は px（ピクセル），pt（ポイント 0.35mm），cm，mm，in（インチ 25mm），pc（パイカ 4.2mm），％などである。

【例 10.10】　パディングまとめて指定の例

[**HTML** プログラム]

```
<!DOCTYPE html>
```

```
<html>  <head>
<meta charset="UTF-8">
<style type="text/css">
     p { padding   : 40px 60px 20px;
         background-color : green;
         color            : white;  }
</style>
</head>
<body>
     <p>今領域はテキストなどのコンテンツ <br />
     内容を表示する領域である。パディング <br />
     はボックスの内側の余白のことをいう。</p>
</body>   </html>
```

[**表示結果**]

今領域はテキストなどのコンテンツ
内容を表示する領域である。パディング
はボックスの内側の余白のことをいう。

⑤　ボーダー1（種類）

ボーダーとはパディングとマージンの間の四角の枠線である。ここでは，ボーダーの種類を個別に指定する方法を述べる。

　　border-top-style: 値　　border-bottom-style: 値
　　border-left-style: 値　　border-right-style: 値

値は none（表示しない），solid（1本実線），double（2本実線），dash（線），dotted（点線）などである。また，ボーダー種類をまとめて指定することもできる。

【例 10.11】　ボーダー種類の個別指定の例
[**HTML プログラム**]

```
<!DOCTYPE html>
<html>   <head>
```

10.9 ボックスモデル

```
<meta charset="UTF-8">
<style type="text/css">
      p { border-top-style    : double;
          border-bottom-style : dashed;
          background-color    : green;
          color               : white;  }
</style>
</head>
<body>
     <p> 今領域はテキストなどのコンテンツ <br />
     内容を表示する領域である。ボーダーは <br />
     この領域の境界である。</p>
</body>   </html>
```

［表示結果］

今領域はテキストなどのコンテンツ
内容を表示する領域である。ボーダーは
この領域の境界である。

⑥ **ボーダー2（色）**

ここでは，ボーダーの色を個別に指定する方法を述べる。

 border-top-color: 値 border-bottom-color: 値

 border-left-color: 値 border-right-color: 値

値は #ff0000（16進数），rgb（100,0,50）（10進数表記），blue（色名）の中から選ぶ。また，ボーダー色をまとめて指定することもできる。

【例10.12】 ボーダー色の個別指定の例

［**HTML**プログラム］

```
<!DOCTYPE html>
<html>
<head>
<meta charset="UTF-8">
<style type="text/css">
      p { border-top-style    : double;
```

```
                border-bottom-style : double;
                border-top-color    : red;
                border-bottom-color : blue;
                background-color    : green;
                color               : white;  }
</style>
</head>
<body>
        <p>今領域はテキストなどのコンテンツ<br />
        内容を表示する領域である。ボーダーは<br />
        この領域の境界である。</p>
</body>
</html>
```

[表示結果]

> 今領域はテキストなどのコンテンツ
> 内容を表示する領域である。ボーダーは
> この領域の境界である。

⑦　ボーダー3（太さ）

ここでは，ボーダーの太さ（幅）を個別に指定する。

　　border-top-width:値　　border-bottom-width:値

　　border-left-width:値　　border-right-width:値

値はpx（ピクセル），tin（細線），medium（中線），thick（太線）の中から選ぶ。また，ボーダー太さ（幅）をまとめて指定することもできる。

【例10.13】　ボーダー太さ（幅）の個別指定の例
[**HTML**プログラム]

```
<!DOCTYPE html>
<html>
<head>
<meta charset="UTF-8">
<style type="text/css">
        p { border-left-width  : 20px;
```

```
                 border-bottom-width :   5px;
                 border-style        :   solid;
                 border-color        :   green; }
</style>
</head>
<body>
     <p>今領域はテキストなどのコンテンツ <br />
     内容を表示する領域である。ボーダーは <br />
     この領域の境界である。</p>
</body>
</html>
```

[表示結果]

> 今領域はテキストなどのコンテンツ
> 内容を表示する領域である。ボーダーは
> この領域の境界である。

⑧　ボーダー4（**属性のまとめ指定**）

ここでは，ボーダーの種類，色，太さ（幅）をボーダーごとに指定する方法を述べる。

　　border-top: 値　border-bottom: 　border-left: 値　border-right: 値

値は border-style 値，border-color 値，border-width 値の中から選ぶ。

【例 10.14】　ボーダー属性の一括指定の例
[**HTML** プログラム]

```
<!DOCTYPE html>
<html>
<head>
<meta charset="UTF-8">
<style type="text/css">
     p { border-top    : solid  pink   2px;
         border-bottom: dashed green  5px;
```

10. CSSの指定方法

```
              border-left  : double violet 20px;
              border-right : dotted orange 7px; }
</style>
</head>
<body>
      <p>今領域はテキストなどのコンテンツ <br />
      内容を表示する領域である。ボーダーは <br />
      この領域の境界である。</p>
</body>
</html>
```

[**表示結果**]

> 今領域はテキストなどのコンテンツ
> 内容を表示する領域である。ボーダーは
> この領域の境界である。

⑨ ボーダー5（四辺のまとめ指定）

ここでは，四辺のボーダーをまとめて指定する方法を述べる。

　border: 値

値は border-style 値，border-color 値，border-width 値から選ぶ。

【例 10.15】 ボーダー四辺のまとめ指定の例

[**HTML プログラム**]

```
<!DOCTYPE html>
<html>
<head>
<meta charset="UTF-8">
<style type="text/css">
      p { border : dotted blue 10px; }
</style>
</head>
<body>
      <p>今領域はテキストなどのコンテンツ <br />
      内容を表示する領域である。ボーダーは <br />
```

```
          この領域の境界である。</p>
</body>
</html>
```

[表示結果]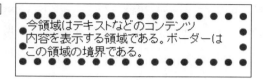

【課題22】 下記ヒントを参考に，図10.17の表示になるHTMLファイルを作成しなさい。

・ヒント1：bodyのtext-alignはcenterにする。
・ヒント2：二つの見出しはh2タグ，文章はpタグを用いる。
・ヒント3：上部のh2はクラスセレクタで色を#990033にする。
・ヒント4：下部のh2とpはクラス共通セレクタで色blackにする。
・ヒント5：上部pはクラスセレクタで色orangeにする。
・ヒント6：上下pは共通にマージン20px，パディング10px，ボーダー実線，色#ccffcc，幅5pxにする。

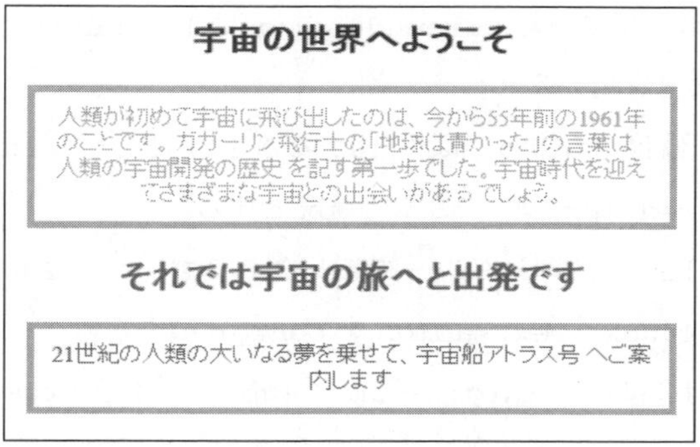

図10.17　課題22の表示結果

【課題23】 下記のヒントを参考に，図10.18の表示になるHTMLファイルを作成しなさい。

- ヒント1：bodyのbackground-colorは#f0f0d9，二つの見出しはh1, h2タグ，本文とコピーライトはpタグを用いる．
- ヒント2：店名フォントはArial Blackとする．
- ヒント3：h1, h2, pのマージンは20px，パディングは10pxとする．
- ヒント4：本文のボーダーはh2の背景と同じ色#39b573を用い，種類はdottedとする．

図10.18　課題23の表示結果

【追加課題5】　下記のヒントを参考に，図10.19の表示になるようなHTMLファイルを作成しなさい．

- ヒント1：bodyのbackground-colorはlavender，見出しはh2タグ，本文はpを用いる．
- ヒント2：画像British.jpgは幅400高さ300とし，borderの一括指定（dotted red 4px），マージン20pxとする．
- ヒント3：h2, pに対しグループセレクタでマージン20px, パディング10px, 幅400px, text-alignをcenterにする．
- ヒント4：h2に対しmargin-topは40px, 背景色brown, 文字色を白とする．
- ヒント5：pに対しborderの一括指定（double limegreen 4px）とする．

10.9 ボックスモデル

図 10.19 追加課題 5 の表示結果

【HTML Tips 10】 HTML の文字単位使用の注意点

ここでは，HTML の文字単位を使用する際に気をつける注意点をいくつか述べる。

・なぜ px で指定しないほうがいいかは，旧 IE では文字の拡大ができないからである。ブラウザには Web サイトの拡大機能があり，主要なブラウザ「Chrome」「Firefox」「Safari」ではページを丸ごと拡大できる。しかし，px 指定のページを IE で拡大すると文字だけそのままになる。これは IE のバージョンにより異なり，最新 IE11 では問題ない。

・font-size の文字単位は以下のとおりである。px は画面の最小単位であり，拡大すると 1px の集まりになる。例えば font-size:16px のとき 1 文字は縦 16px 横 16px 並ぶ正方形で表示される。文字により 16px ちょうどとはならない。em は 1 文字分の単位で font-size を指定しないとどのブラウザも 1em=16px になる。強調の HTML タグ <em> とは関係なく，「M」に由来する。％は文字サイズでは 1 文字を何％で表示するかを指定し，100 ％は 1 文字分になる。font-size を指定しない場合，100%=16px となる。

・px, em, ％ の違いは「絶対指定」と「相対指定」のどちらかである。px は絶対なので固定値になる。px で文字サイズを指定すると IE で拡大されないのはある意味正しい。相対指定の em と ％ は親に合わせて動く子のような値である。親である body を font-size:80px と指定すると，1em も 80px，100% も 80px となる。font-size:80px = 1em = 100%。文字サイズを半分の 40px にするときは 0.5em か 50% にすれば 40px と指定できる。

ページの段組テクニック

　Webページのレイアウトとは，「Webページで何をどこにどのように配置するかのデザイン」を意味する。文章や画像をブラウザ横いっぱいに延ばし縦1列に並べた1段組のページは，幅が大きく，ユーザは右から左端に目線を戻す回数が増え読むのに苦労する。本章では，CSSによりWebページをレイアウトするいくつかの方法について学ぶ。

11.1　divタグの導入

　divタグはグループタグと呼び，文章や画像などの複数のタグをグループ化する。特に意味をもたずにブロックを作る。

11.1.1　使　い　方

　divタグが一つまたは区別をつけなくてもよい場合は，単純にブロックを<div>と</div>で囲む。

```
<div>
<h1>    ～    </h1>
<p>     ～    </p>
</div>
```

次に，divタグが複数あるときは，以下のようにclass属性で名前をつけ区別する。

11.1 divタグの導入

(HTML部)

```
<div class="japan">  〜  </div>
<div class="first">  〜  </div>
```

(CSS部)

```
div.japan { font-size=20 }    div.first { color : red }
```

また，以下のようにid属性で名前をつけ区別することもできる。目的は，複数のタグをまとめてCSS指定するためである。

(HTML部)

```
<div id="first">     〜     </div>
<div id="second">    〜     </div>
<div id="third">     〜     </div>
```

(CSS部)

```
#first { color : red }
#first { color : blue }
#first { color : green }
```

11.1.2 divタグのプログラム例1

以下のプログラムでは全体を div id="upper" と div id="lower" の二つのグループに分け，CSSでそれぞれ文字色を赤と緑にする。

【例11.1】 divタグを使ったプログラム例

[**HTMLプログラム**]

```
<!DOCTYPE html>
<html>
<head>
        <meta charset="UTF-8" />
    <style type="text/css">
        body { text-align : center; } p { border :
        solid aqua 5px; }
```

```
                #upper{ color : red; }           #lower{ color : green; }
    </style> </head> <body>
    <div id="upper">
        <h2> 宇宙の世界へようこそ </h2>
        <p> 人類が初めて宇宙に飛び出したのは 1961 年である。ガガーリンの「地球は青かった」は人類の宇宙開発の第一歩で、以後宇宙時代を迎え様々な出会いがある。</p>
    </div>
    <div id="lower">
        <h2> それでは宇宙の旅へと出発です </h2>
        <p>21 世紀の人類の夢を乗せて、宇宙船アトラス号へご案内します。</p>
    </div>
</body>
</html>
```

[表示結果]

> **宇宙の世界へようこそ**
>
> 人類が初めて宇宙に飛び出したのは1961年である。ガガーリンの「地球は青かった」は人類の宇宙開発の第一歩で、以後宇宙時代を迎え 様々な出会いがある。
>
> **それでは宇宙の旅へと出発です**
>
> 21世紀の人類の夢を乗せて、宇宙船アトラス号へご案内します。

11.1.3 div タグのプログラム例 2

以下のプログラムでは，div id="header" と div id="contents" の二つのグループを div id="container" で囲みグループ化する。

【例 11.2】 div タグの入れ子のプログラム例

[HTML プログラム]

```
<!DOCTYPE html>
<html>
<head>
```

11.1 divタグの導入

```html
<meta charset="UTF-8" />
<style type="text/css">
      div#container {
          border  : solid 2px green;
          padding : 20px;
          background-color : white;
          width   : 600px;
      }
      div#header {
          padding : 10px;
          background-color : #66aa66;
      }
</style>
</head>
<body>
      <div id="container">
          <div id="header">
              <h1>Forest Studio</h1>
              <p> 自然のあれこれをお届けする森の工房です </p>
          </div>
          <div id="contents">
              <h2> 季節のイベント </h2>
              <p> 森の工房で開催するイベントを紹介します。１年を通してさまざまなイベントを開催していますので、ぜひご参加ください。詳しい開催時期や内容につきましては、随時お知らせしてまいります。</p>
          </div>
      </div>
</body>
</html>
```

［表示結果］

　上部背景緑部は div id="header"，季節のイベントは div id="contents" 部である。両 div を含む div id="container" では全体を枠線で囲む。

11.2 2段組レイアウト

11.2.1 2段組レイアウトとは

　Webページのデザインを考えるためには，何らかの段組が欠かせない。端にサイドバーを配置し残りにコンテンツを掲載するシンプルな段組から，新聞紙面のように異なるサイズのボックスが多段に入り交じった複雑な段組までさまざまある。本節ではfloatを用い，コンテンツを左右に並べる単純な2段組みレイアウトの作成方法を述べる。

11.2.2 1段組レイアウトの例

　2段組レイアウトを述べる前に，その元となる1段組レイアウトを述べる。

【例11.3】 1段組レイアウトのプログラム例

[**HTML プログラム**]

```
<!DOCTYPE html> <html> <head>
    <meta charset="UTF-8" />
    <style type="text/css">   </style>
</head> <body>
    <div>
        コピーレフトとは著作権を保持したまま全ての人が著作物を利用再配布できる考え方である。コンピュータプログラムが対象であったがそれ以外の著作にも適用される。
```

```
            </div>
            <div>
                著作権のこと。文章音楽映像プログラム作者は著作権を持ち他人が
        許可なく複製できない。全著作物に発生するが通常丸囲みCと著作者の氏
        名、発行年を表記する。
            </div>
    </body>
</html>
```

上部と下部はdivタグでブロック化しているが，CSSは設定していないので2段組ではなく1段組出力となる。

［表示結果］
```
コピーレフトとは著作権を保持したまま全ての人が著作物を利用再配布できる考え方である。コンピュータプログラムが対象であったがそれ以外の著作にも適用される。
著作権のこと。文章音楽映像プログラム作者は著作権を持ち他人が許可なく複製できない。全著作物に発生するが通常丸囲みCと著作者の氏名、発行年を表記する。
```

11.2.3 左側ブロックに幅設定（50％）

2つのdiv要素を横に並べ2段組レイアウトとするために必要なCSSは，floatとwidthプロパティである。まず，左に寄せたい段（初めのdivタグ）にwidthで段幅を指定する。50％を指定するとウィンドウ幅の半分の幅になる。

【例11.4】　1段組で左側ブロックに幅設定（50％）のプログラム例
［HTMLプログラム］
```
<!DOCTYPE html>
<html>
<head>
        <meta charset="UTF-8" />
        <style type="text/css">    #left { width : 50% }
</style>
</head>
```

```
<body>
    <div id="left">
        コピーレフトとは著作権を保持したまま全ての人が著作物を利用再配布できる考え方である。コンピュータプログラムが対象であったがそれ以外の著作にも適用される。
    </div>  <div>
        著作権のこと。文章音楽映像プログラム作者は著作権を持ち他人が許可なく複製できない。全著作物に発生するが通常丸囲みＣと著作者の氏名、発行年を表記する。
    </div>
</body>
</html>
```

1段組で左側ブロックに幅設定（50％）プログラムの実行例を表示結果に示す。左部はCSSで幅50％が実現できた。下部は何も指定していないので100％の幅のままで，全体として2段組は実現せず1段組のままである。

［表示結果］
```
コピーレフトとは著作権を保持したま
ま全ての人が著作物を利用再配布で
きる考え方である。コンピュータプログ
ラムが対象であったがそれ以外の著
作にも適用される。
著作権のこと。文章音楽映像プログラム作者は著作権を持ち他人が許可な
く複製できない。全著作物に発生するが通常丸囲みＣと著作者の氏名、発
行年を表記する。
```

11.2.4　2段組レイアウト

①　**float** の機能

floatは，要素を左または右に寄せて配置するときと回り込みを指定するときに使用する。後に続く内容はその反対側に回り込む。例えば，値を left にすると左寄せで続く内容は右側に回り込む。一方，right にすると右寄せで続く内容は左側に回り込む。デフォルト設定の none は回り込みをしない。また，width プロパティを使い横幅指定が必要である。回り込みを解除するには clear 属性を用い，値として right, left, both のいずれかを指定する。

② CSSによる段組作成

シンプルなHTMLにCSSを加えるだけで段組構造を作ることができる。まずfloatプロパティを使い，複数ブロック要素を横方向に並べる。

HTMLソースは以下のとおりである。

（HTML部）

```
<div class="ba">  コンテンツA    </div>
<div class="bb">  コンテンツB    </div>
```

（CSS部）

```
<style type="text/css">    div.ba { float: left; width: 80%; }
</style>
```

baクラスのdiv要素の横幅を80％にし，floatプロパティで左端に寄せる。コンテンツAが左80％，Bが右20％で横に並ぶ。幅を％で指定するとリキッドレイアウトになる。リキッドレイアウトとは，描画領域幅に合わせサイズが変化するレイアウトである。右側のコンテンツBは正確には右側20％だけ表示されるわけではない。ボックス自体はページ横幅全体に広がるが，コンテンツAに押され右側に寄る。2ボックスにborderで枠線を引くと配置の関係がわかりやすい。

割合でなくピクセル数の指定も可能である。段幅はブロック要素の横幅を指定するだけである。

```
<style type="text/css">
        div.ba {  float: left;    width: 400px;   }
</style>
```

左横幅が400ピクセル固定で残りの文章は右側に回り込む。右横幅は不定（描画領域幅に合わせ変化する）。右に回り込む隙間がないと段組構造にならない。

ここではbaクラスにfloat: left;スタイルを指定するので，baクラスを左配置し続く内容は右側に回り込む。したがって，本来なら下に表示するコンテンツBを右横に配置する。段組構造の後に内容が続く場合は「段組解除」

が必要である。段組解除法を使うと 3 段組も 4 段組も作れる。

③ **左側ブロックに float の設定（left）の例**

　左の div ブロックに float プロパティ left を設定すると，後に続くブロックが右側に回り込み表示され，2 段組レイアウトができる。2 段組の場合，片方の段にスタイルを適用するだけでよい。右側に寄せたい段（2 番目の div）には何もスタイルは指定しない。

【例 11.5】 左側ブロックに **float** を指定（**left**）した 2 段組プログラム例
［**HTML プログラム**］

```
<!DOCTYPE html> <html> <head>
    <meta charset="UTF-8" />
    <style type="text/css"> #left { float : left;
width : 50% } </style>
</head> <body>
    <div id="left">
    コピーレフトとは著作権を保持したまま全ての人が著作物を利用再配布できる考え方である。コンピュータプログラムが対象であったがそれ以外の著作にも適用される。
    </div>  <div>
    著作権のこと。文章音楽映像プログラム作者は著作権を持ち他人が許可なく複製できない。全著作物に発生するが通常丸囲み C と著作者の氏名、発行年を表記する。
    </div>
</body> </html>
```

［**表示結果**］
```
コピーレフトとは著作権を保持   著作権のこと。文章音楽映像
したまま全ての人が著作物を    プログラム作者は著作権を持
利用再配布できる考え方であ    ち他人が許可なく複製できな
る。コンピュータプログラムが   い。全著作物に発生するが通
対象であったがそれ以外の著    常丸囲み C と著作者の氏名、
作にも適用される。          発行年を表記する。
```

　表示結果において，上部は CSS で幅 50 %，float:left で上部は左寄せ，下部は右に回り込み 2 段組レイアウトを実現する。

④ **段の幅の指定方法**

左段を 30 %とすると，右段は自動で残り 70 %になる。割合で指定すると，ウィンドウの幅を変えたときも割合を保って変化する。ピクセルで指定すると幅は固定され，指定しないほうだけ変化する。ウィンドウサイズに合わせて表示領域も変化するデザインを，リキッドレイアウトという。

【例 11.6】 左幅 30 %，float（left）指定のプログラム例

[**HTML プログラム**]

```
<!DOCTYPE html>
<html>
<head>
	<meta charset="UTF-8" />
	<style type="text/css">   #left { float : left;
width : 30% }  </style>
</head>
<body>
	<div id="left">
	コピーレフトとは著作権を保持したまま全ての人が著作物を利用再配布できる考え方である。コンピュータプログラムが対象であったがそれ以外の著作にも適用される。
	</div>  <div>
	著作権のこと。文章音楽映像プログラム作者は著作権を持ち他人が許可なく複製できない。全著作物に発生するが通常丸囲み c と著作者の氏名、発行年を表記する。
	</div>
</body>
</html>
```

[**表示結果**]

| コピーレフトとは著作権を保持したま ま全ての人が著作物を利用再配布で きる考え方である。コンピュータプログラムが対象であったがそれ以外の著作にも適用される。 | 著作権のこと。文章音楽映像プログラム作者は著作権を持ち他人が許可なく複製できない。全著作物に発生するが通常丸囲みcと著作者の氏名、発行年を表記する。 |

このプログラムにおいて，CSS で左幅 30 ％に指定しているので，**図 11.1** のようにブラウザの横幅が変化しても左 30 ％の割合は保つ．

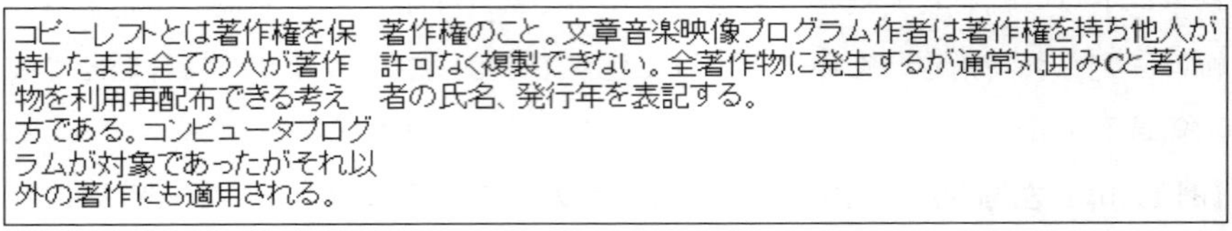

コピーレフトとは著作権を保持したまま全ての人が著作物を利用再配布できる考え方である。コンピュータプログラムが対象であったがそれ以外の著作にも適用される。	著作権のこと。文章音楽映像プログラム作者は著作権を持ち他人が許可なく複製できない。全著作物に発生するが通常丸囲みⒸと著作者の氏名、発行年を表記する。

図 11.1 例 11.6 の表示でブラウザ幅を変化したもの

⑤ **左幅 180px，float（left）指定のプログラム**

左段を 180px とすると，180 ピクセルで幅が固定され，指定しないほう（右段）だけ変化する．

【例 11.7】 **左幅 180px，float（left）指定のプログラム例**

[**HTML プログラム**]

```
<!DOCTYPE html> <html> <head>
        <meta charset="UTF-8" />
        <style type="text/css">  #left { float : left;
width : 180px }  </style>
</head>
<body>
        <div id="left">
            コピーレフトとは著作権を保持したまま全ての人が著作物を利用再配布できる考え方である。コンピュータプログラムが対象であったがそれ以外の著作にも適用される。
        </div>
        <div>
            著作権のこと。文章音楽映像プログラム作者は著作権を持ち他人が許可なく複製できない。全著作物に発生するが通常丸囲みⒸと著作者の氏名、発行年を表記する。
        </div>
</body> </html>
```

[表示結果]

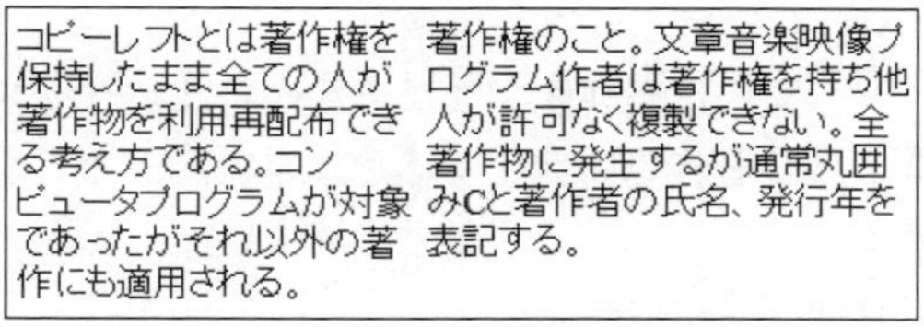

> コピーレフトとは著作権を保持したまま全ての人が著作物を利用再配布できる考え方である。コンピュータプログラムが対象であったがそれ以外の著作にも適用される。　著作権のこと。文章音楽映像プログラム作者は著作権を持ち他人が許可なく複製できない。全著作物に発生するが通常丸囲みCと著作者の氏名、発行年を表記する。

例 11.7 のプログラムの CSS で左幅 180px に指定したので，ブラウザの横幅を変化させても図 11.2 のように左側は固定され，右側の幅のみ変化する。

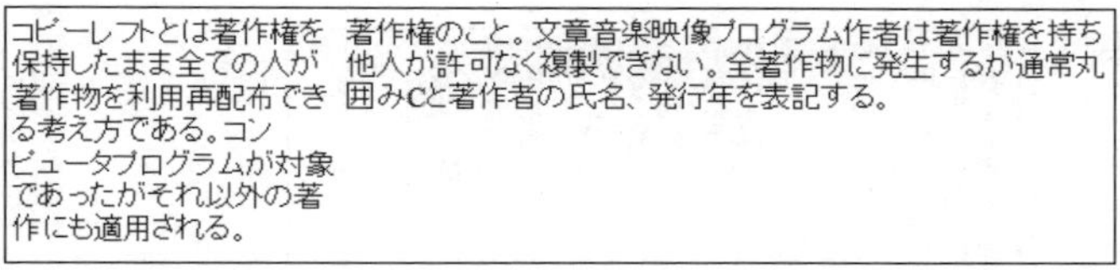

> コピーレフトとは著作権を保持したまま全ての人が著作物を利用再配布できる考え方である。コンピュータプログラムが対象であったがそれ以外の著作にも適用される。　著作権のこと。文章音楽映像プログラム作者は著作権を持ち他人が許可なく複製できない。全著作物に発生するが通常丸囲みCと著作者の氏名、発行年を表記する。

図 11.2　例 11.7 の表示結果でブラウザ幅を変えた結果

⑥　段組解除の方法

段組レイアウトには段組解除する必要が出てくる。段組（回り込み）解除には clear プロパティを用い，値に both を指定すれば直前の左右両側の回り込みを解除する。値を left や right にすると，左端ブロックや右端ブロックの回り込みを解除する。デフォルトの none は回り込みを解除しない。今のところ複雑な段組以外は both を指定すれば回り込みは解除できる。

【例 11.8】　段組解除しないプログラム例

[HTML プログラム]

```
<!DOCTYPE html>
<html> <head>  <meta charset="UTF-8" />
       <style type="text/css"> #left { float : left;
width : 30% } #footer{  }</style>
</head>  <body>
       <div id="left">
          コピーレフトとは著作権を保持したまま全ての人が著作物を利用再配布できる考え方である。コンピュータプログラムが対象であったがそれ以外の著作にも適用される。
```

```
        </div>    <div>
            著作権のこと。文章音楽映像プログラム作者は著作権を持ち他人が
許可なく複製できない。全著作物に発生するが通常丸囲みＣと著作者の氏
名、発行年を表記する。
        </div>    <div id="footer">
Copyright &copy; Takahumi Oohori, Media Design,
Hokkaido University of Science.
        </div>   </body>  </html>
```

［表示結果］

コピーレフトとは著　著作権のこと。文章音楽映像プログラム作者
作権を保持したま　は著作権を持ち他人が許可なく複製できな
ま全ての人が著作　い。全著作物に発生するが通常丸囲みＣと著
物を利用再配布で　作者の氏名、発行年を表記する。
きる考え方である。　Copyright © Takahumi Oohori, Media Design,
コンピュータプログ　Hokkaido University of Science.
ラムが対象であっ
たがそれ以外の著
作にも適用される。

　例11.8のプログラムのCSSで左幅30％，floatをleftに指定し2段組にしたので，本来1段組で表示したいCopyright行も右段組に組み込まれてしまう。

【例11.9】　段組解除したプログラム例
［HTMLプログラム］

```
<!DOCTYPE html> <html> <head>  <meta charset="UTF-8" />
    <style type="text/css">#left{ float : left; width
:30%} #footer{clear:both}</style>
</head>
<body>   <div id="left">
        コピーレフトとは著作権を保持したまま全ての人が著作物を利用再
配布できる考え方である。コンピュータプログラムが対象であったがそれ以
外の著作にも適用される。
        </div>    <div>
            著作権のこと。文章音楽映像プログラム作者は著作権を持ち他人が
許可なく複製できない。全著作物に発生するが通常丸囲みＣと著作者の氏
名、発行年を表記する。   </div>
        <div id="footer">
```

```
        Copyright &copy; Takahumi Oohori, Media Design,
Hokkaido University of Science.
        </div>
</body> </html>
```

段組解除の表示例を表示結果に示す．CSS で左幅 30 %，float を left に指定するが，Copyright 行を CSS で clear:both とすると，段組が解除され Copyright 行が 1 段で表示される．

[表示結果]　コピーレフトとは著作　著作権のこと．文章音楽映像プログラム作者は著作権を保持したまま全て　権を持ち他人が許可なく複製できない．全著作物にの人が著作物を利用　発生するが通常丸囲みCと著作者の氏名，発行年を再配布できる考え方で表記する．
ある．コンピュータプログラムが対象であったがそれ以外の著作にも適用される．
Copyright © Takahumi Oohori, Media Design, Hokkaido University of Science.

11.3　3段組レイアウト

11.3.1　3段組レイアウトとは

2 段組を応用し 3 段組レイアウトを作成する．HTML の各ブロック幅を決め，上から順に float で左右に振り分けると 3 段組レイアウトが完成する．3 段組のレイアウトは基本的に 2 段組と同じで，HTML のブロックの順番を考え「左」「中央」「右」に配置する．各カラム幅と float を指定し横に整列する．実際はページに含むコンテンツ内容や構造順を考え HTML を記述する．複数要素をまとめてレイアウトする場合は，div 要素で 1 ブロックにまとめグループ化する．

11.3.2　3 段組の作成例 1（全段幅を％指定）

次のサンプルはウィンドウ全体（100 %）を使用する．各カラムに％を使い横幅を指定する．全 div に対し float: left; を指定するとコンテンツ A，コンテンツ B，コンテンツ C の順で横並びになる．HTML はそのままに CSS

のfloat指定だけを変更すればレイアウトを変更できる。HTMLの構造を活かしfloatとwidthを使いブロック位置を左や右に移動することができる。ここではfloatはすべてleftで左寄せ，widthはコンテンツAが20％，コンテンツBが40％，コンテンツCが40％とする。横幅はすべて％指定なのでウィンドウサイズに応じ各段幅は変化する。下記にプログラムを示す。

（HTML部）

```
<div class="ba">  コンテンツA   </div>
<div class="bb">  コンテンツB   </div>
<div class="bc">  コンテンツC   </div>
```

（CSS部）

```
<style type="text/css">
   div.ba { float: left; width: 20%; }
   div.bb { float: left; width: 40%; }
   div.bc { float: left; width: 40%; }
</style>
```

（全段幅％指定の3段組の実例）　（HTML部）

```
    <div id="menu">
    <p> コピーレフトとコピーライト </p>
    著作物の権利に関する2つの重要な考え方を紹介する。詳しくは下記
    をクリック。
    <p><a href=" コピーレフト wiki の URL"> コピーレフト
</a></p>
    <p><a href=" コピーライト wiki の URL"> コピーライト
</a></p>
    </div>
    <div id="left">
       コピーレフトとは著作権を保持したまま全ての人が著作物を利用再
    配布できる考え方である。コンピュータプログラムが対象であったが
    それ以外の著作にも適用される。
    </div>
```

```
        <div id="right">
            著作権のこと。文章音楽映像プログラム作者は著作権を持ち他人が
        許可なく複製できない。全著作物に発生するが通常丸囲みＣと著作者
        の氏名、発行年を表記する。
        </div>
```

（全段幅％指定の 3 段組の実例）（CSS 部）

```
<style type="text/css">
    #menu  { float : left; width : 20%; background-color
    : yellow; }
    #left  { float : left; width : 40%; background-color
    : aqua; }
    #right { float : left; width : 40%; background-
    color : lime; }
</style>
```

[表示結果]

11.3.3　3 段組の作成例 2（2 段のみ段幅が％指定）

float プロパティを使い 3 段組を作るには，下記プログラムを使う。コンテンツ A は左 20 %，B は中央 40 %，C が残りの右側で横に並ぶ。横幅はすべて％指定なので，ウィンドウサイズに応じ各段幅は変化する。

（HTML 部）

```
<div class="ba">  コンテンツ A    </div>
<div class="bb">  コンテンツ B    </div>
```

```
<div class="bc">  コンテンツ C     </div>
```

(CSS 部)

```
<style type="text/css">
      div.ba {  float: left;  width: 20%;  }
      div.bb {  float: left;  width: 40%;  }
</style>
```

11.3.4　3段組の作成例3（両端の段幅のみ px で固定）

　左右両側の段はサイズを固定し中央段だけを可変幅にした3段組は，上記とは異なり左端の段幅が100pxで固定，右端の段幅は150pxで固定し，中央の段の幅だけ可変にする．注意点として，HTML部において右端固定するコンテンツCは中央のコンテンツBよりも先に書くことである．上記は「3段組」の例だが，div要素を増やせば何段組でも作成できる．また，段組の直後には段組解除が必要であり，解除しないと後続のコンテンツの配置がずれる．

　以下に，左右両段はサイズ固定し中央段だけ可変幅のプログラム例を示す．

（HTML 部）

```
<div class="blocka">コンテンツA</div>
<div class="blockc">コンテンツC</div>
<div class="blockb">コンテンツB</div>
```

（CSS 部）

```
<style type="text/css">
      div.blocka {  float: left;   width: 100px; }
      div.blockc {  float: right;  width: 150px; }
</style>
```

　次に，左右両段サイズ固定のプログラム（HTML部）を示す．

```
<div id="menu">
      <p>コピーレフトとコピーライト </p>
         著作物の権利に関する2つの重要な考え方を紹介する．詳しくは下
```

記をクリック。
```
<p><a href=" コピーレフト wiki の URL"> コピーレフト </a></p>
<p><a href=" コピーライト wiki の URL"> コピーライト </a></p>
</div>
<div id="left">
    コピーレフトとは著作権を保持したまま全ての人が著作物を利用再配布できる考え方である。コンピュータプログラムが対象であったがそれ以外の著作にも適用される。</div>
<div id="right">
    著作権のこと。文章音楽映像プログラム作者は著作権を持ち他人が許可なく複製できない。全著作物に発生するが通常丸囲みcと著作者の氏名、発行年を表記する。</div>
```

次に，左右両段サイズ固定のプログラム例（CSS 部）を示す。

```
<style type="text/css">
    #menu  { float : left; width : 150px; background-color : yellow; }
    #right { float : right; width : 200px; background-color : lime; }
    #left                  { background-color : aqua; }
</style>
```

[表示結果]

11.3.5 3ブロック左寄せ footer 解除（やや複雑なレイアウト）

3ブロックを横に整列し，最左に id「colB」の div，その右に id「colC」と id「colA」を配置，全体を囲む id「wrapper」の div 要素に対し width=800px を指定し，中央揃えを実現。各カラムの横幅を指定し合計が 800px を超えないように幅，float で位置を決める。フッタ id「footer」の div 要素に対し，直前3ブロックのフロート指定を「clear: both;」で解除する。

3ブロック左寄せ footer 解除（HTML 部）

```
<div id="wrapper">
    <div id="blocka">コンテンツA</div>
    <div id="blockc">コンテンツB</div>
    <div id="blockb">コンテンツC</div>
    <div id="footer">フッタ</div>
</div>
```

（CSS 部）

```
<style type="text/css">
    #wrapper { text-align : center; width:800px; }
    #blocka { float: left; width: 200px; }
    #blockb { float: left; width: 300px; }
    #blockc { float: reft; width: 300px; }
    #footer { clear : both; }
</style>
```

3ブロック左寄せ footer 解除の実例（HTML 部）

```
<div id="menu">
    <p>コピーレフトとコピーライト</p>
    著作物の権利に関する2つの重要な考え方を紹介する。詳しくは下記をクリック。
    <p><a href="コピーレフトwikiのURL">コピーレフト</a></p>
    <p><a href="コピーライトwikiのURL">コピーライト</a></p>
</div>
<div id="left">
```

```
        コピーレフトとは著作権を保持したまま全ての人が著作物を利用再
    配布できる考え方である。コンピュータプログラムが対象であったが
    それ以外の著作にも適用される。</div>
<div id="right">
        著作権のこと。文章音楽映像プログラム作者は著作権を持ち他人が
    許可なく複製できない。全著作物に発生するが通常丸囲みcと著作者
    の氏名、発行年を表記する。</div>
<div id="footer">
        Copyright © Takahumi Oohori, Media Design, Hokkaido
    University of Science. </div>
```

3ブロック左寄せfooter解除の実例（CSS部）

```
<style type="text/css">
    #wrapper { text-align:center; width:800px; }
    #menu    { float : left;  width : 200px; background-
    color : yellow;}
    #left    { float : left;  width : 300px; background-
    color : aqua; }
    #right   { float : left;  width : 300px; background-
    color : lime;  }
    #footer  { clear : both; background-color:pink;}
</style>
```

［表示結果］

11.3.6 別ブロック2段組

現実のWebサイトでは，各カラム中で別ブロックが2段組など，複雑なレ

イアウトが多い。

① **中央ブロック 2 分割の実例**

例として，カラム B のコンテンツの内容を 2 組に分け 2 段組で整列する。ブロック B 内に id「sub1」と id「sub2」の div 要素を追加し，2 段組で横に並べるためフロートする。カラム B は幅 300px なので，2 ブロック合計は 300px を超えない。

（HTML 部）

```
<div id="wrapper">
    <div id="blocka"> コンテンツ A</div>
    <div id="blockc">
    <div id="sub1"> コンテンツ B1</div>
    <div id="sub2"> コンテンツ B2</div>
</div>
```

（CSS 部）

```
<style type="text/css">
    #wrapper { text-align : center; width:800px; }
    #blocka { float: left; width: 200px; }
    #blockb { float: left; width: 300px; }
    #sub1 { float: left; width: 150px; }
    #sub2 { float: left; width: 150px; }
    #blockc { float: reft; width: 300px; }
    #footer { clear : both; }
</style>
```

② **中央ブロック 2 分割左寄せの実例**（HTML 部）

```
<div id="menu">
    <p> コピーレフトとコピーライト </p>
    著作物の権利に関する 2 つの重要な考え方を紹介する。詳しくは下記
    をクリック。
    <p><a href=" コピーレフト wiki の URL"> コピーレフト </a></p>
    <p><a href=" コピーライト wiki の URL"> コピーライト </a></p>
```

11.3　3段組レイアウト

```
</div>
<div id="left">
    <div id="left1">コピーレフトとは著作権を保持したまま全ての人が著作物を利用再配布できる考え方である。</div>
    <div id="left2">コンピュータプログラムが対象であったがそれ以外の著作にも適用される。</div>
</div>
<div id="right">
    著作権のこと。文章音楽映像プログラム作者は著作権を持ち他人が許可なく複製できない。全著作物に発生するが通常丸囲みcと著作者の氏名、発行年を表記する。</div>
```

（CSS 部）

```
<style type="text/css">
    #wrapper { text-align:center; width:800px; }
    #menu  { float : left; width : 200px; background-color : yellow;}
    #left   { float : left; width : 300px; }
    #left1  { float : left; width : 150px; background-color : aqua;}
    #left2  { float : left; width : 300px; background-color : gold;}
    #right  { float : left; width : 300px; background-color : lime; }
    #footer { clear : both; background-color:pink;}
</style>
```

[表示結果]

11.3.7 2段組レイアウトの例

この例は，表示例にあるように，ページのメニューである，(1) 森の工房について，(2) 季節のイベント，(3) お問い合わせのリスト部分を左寄せにして2段組を実現している。

[HTMLプログラム]

```
<!DOCTYPE html>
<html>
<head>
<meta charset="UTF-8" />
<style type="text/css">
    div#container {
        border  : solid 2px green;
        padding : 20px;
        background-color : white;
        width : 600px;
    }
    div#header {
        padding : 10px;
        background-color : #66aa66;
    }
    ul {
        width     : 120px;
        float     : left;
        margin-top : 30px;
    }
    li {
        fontsize    : 0.75em;
        margin-bottom : 10px;
    }
</style>
</head>
<body>
    <div id="container">
```

```html
        <div id="header">
            <h1>Forest Studio</h1>
            <p>自然のあれこれをお届けする森の工房です</p>
        </div>
        <ul>
            <li>森の工房について</li>
            <li>季節のイベント</li>
            <li>お問い合わせ</li>
        </ul>
        <div id="contents">
            <h2>季節のイベント</h2>
            <p>森の工房で開催するイベントを紹介します。1年を通してさまざまなイベントを開催していますので、ぜひご参加ください。詳しい開催時期や内容につきましては、随時お知らせしてまいります。</p>
        </div>
    </div>
</body>
</html>
```

[表示結果]

11.4 ホームページの背景画像

① 通常画像をコンテンツ内で表示する場合

次は通常の画像の表示方法である。画像はインライン要素なので文章などの他の要素と重ならない。

```
<img src="***.gif" width="*" height="*" alt="*">
```

② 背景画像の表示

背景画像は，背景なので文字の下でも画像の表示が可能である。

背景画像を壁紙として最背面に表示する場合，CSS を用いて以下のようになる。

```
body {  background-image: url(***.gif);  }
```

また，任意のブロックに背景画像を設定できる。

```
<div style="background: url(***.gif);">
<p>ここにコンテンツ</p>
</div>
```

③ 1枚だけ表示（**no-repeat**）

ヘッダのトップ画像などによく利用される。no-repeat で 1 枚を横と縦の値で位置（左上からの座標）指定する。

```
<div style="background: url(***.gif) no-repeat 0% 0%;">
<p>ここにコンテンツ</p>
</div>
```

背景画像 1 枚だけ表示の例（**図 11.3**）：値が no-repeat の場合，背景画像を 1 枚のみ表示する。

図 11.3 背景画像 1 枚のみ表示の例

```
body {   background-image  :  url(image/unga.jpg);
         background-repeat  :  no-repeat;      }
```

④ 背景画像の位置指定

　背景画像を no-repeat で 1 枚だけ移動して表示する。左からと上からの座標を半角スペースで区切り位置を設定する。%，px，em，pt の数値で指定するか，横方向の指定を left, center, right，縦方向の指定を top, center, bottom のキーワードで指定する。指定なしのデフォルト状態なら左上から表示される。(0 0), (left top) と同じである。120px 8px（左から 120px，上から 8px の移動）。

```
<div style="background: url(***.gif) no-repeat 120px 8px;">
      <p>ここにコンテンツ</p>
</div>
```

⑤ 背景画像を横 1 行に表示

　背景画像を要素内に repeat-x で横にリピートする。0 ％ 30 ％（縦率全体比で縦が 30 ％の位置）。

```
<div style="background: url(***.gif) repeat-x 0% 30%;">
      <p>ここにコンテンツ</p>
</div>
```

⑥ 背景画像を縦 1 列に表示

　背景画像を要素内に repeat-y で縦にリピートする。40px 0px（左から 40px 移動）。

```
<div style="background: url(***.gif) repeat-y 40px 0px;">
      <p>ここにコンテンツ</p>
</div>
```

⑦ 背景画像の縦横繰り返し表示

　背景画像を要素内に縦横に繰り返し配置する場合は repeat を用いる。

```
background-image : url(***.gif) repeat
```

背景画像を縦横に繰り返す例（**図11.4**）：値が repeat の場合，背景画像を縦横方向に何枚も繰り返し表示する。

```
body {  background-image : url(image/asahi.jpg);
        background-repeat : repeat;  }
```

図11.4　背景画像を縦横に繰り返す例

⑧ **background-attachment プロパティ**

値は scroll，fixed の2種で，scroll はデフォルトである。fixed は，ブラウザ画面をスクロールさせても背景画像だけが固定されて動かないように見える設定。縦スクロールが出るような縦長のサイトで body の背景に設置してみると面白い。

```
<body style="background: url(***.gif) fixed;">
```

⑨ **インライン要素に背景画像**

インライン要素にも背景を設定できる。

```
<span style="background: url(***.gif);">ここに単語</span>
```

⑩ **背景画像2枚を重ねる**

`<div><div>　</div></div>` のように二重（入れ子・ネスト）にすると別々の背景画像2枚の表示もできる。

```
<div style="background: url(A.gif) no-repeat 40px 0;">
```

```
        <div style="background: url(B.gif) no-repeat 200px
    0;">
            <p>内枠に背景色を使ってはいけません。</p>
        </div>
</div>
```

⑪ 透過フィルタ画像の適用

背景画像の色が濃い場合，透過フィルタ GIF 画像を文章の背景に使用できる。CSS（filter: alpha）でも透過可能である。

```
<div style="background: url(***.gif);">
        <p><span style="background: url(フィルタ.gif);">文
        章</span></p>
</div>
```

⑫ 背景画像のロールオーバー

リンクメニューなどのオンマウスオーバー時にも背景画像をロールオーバーする。

```
a:hover{ background: url(***.gif); }          /* CSS */
<a href="リンク先URL">表示文字</a>     <!-- HTML -->
```

⑬ HTML のみで背景画像を設定する方法

```
例1  <body style="background-image: url(b124.jpg);">
例2  <body style="background: url(b124.jpg);">
```

【HTML Tips 11】 HTML の背景画像の注意点

ここでは，HTML において背景画像を指定する場合の注意点をいくつか述べる。
- 背景画像の上に <div> などでさらに背景色を被せると，その下の body の背景画像が隠れて表示できない。ここの body 背景が白色背景枠で隠れているから背景が両サイドしか見えない。
- 背景画像を変更したのに変化しない場合は，リロード更新 F5 キー，ブラウザキャッシュが強すぎて変化しない場合には，スーパーリロードやキャッシュ削除で再起動。

150   11. ページの段組テクニック

- グラデーションの1枚画像を背景にするにはサイズが大きいので，細くスライスして background で repeat させると非常に軽く済む。グラデーションは .jpg のほうがきれいに仕上がる。
- 枠内の領域に表示されるので，領域内にコンテンツが画像よりも小さくなる場合には，`padding`, `width`, `height` で枠幅の領域を確保しなければ背景画像が切れる。min-height や IE6 でも min-height !important のハックも活用する。
- IE7 で body に設置した背景がズーム拡大縮小されないバグがある。背景の印刷はインターネットオプションで変更するか IE を使わない。
- `<body style="background-image: url(***);">` ではなく `<body style="background:url(***);">` でもよいが，別の body 指定 body { background: ～ ;} なども含め優先順位も考慮する。body { background-repeat: ～ ;} など各プロパティの指定があれば解除する。

【課題24】 ヒントを参考に，図 11.5 になるような HTML プログラムを作成しなさい。

図 11.5　課題 24 の表示結果

- ヒント1：背景色は #aaffff，文字色は red，全体の幅は 600px，左右のマージンを 60px とする。
- ヒント2：画像 photo1.jpg と photo2.jpg は（縦 250px，横 165px）で float 属性を right と left にし，左図では右マージン，右図では左マージンを 60px とする。
- ヒント3：文章は `<p>` タグでくくり，文字サイズを 0.9em とする。

11.4 ホームページの背景画像

- ヒント 4：見出しは `<h1>` タグと `<h3>` タグを用い，h3 は直下のコンテンツと区別するために幅 1px で色 green の境界線を引き，回り込みを解除するために clear 属性を both にする。

【課題 25】 ヒントを参考に，図 11.6 になるような HTML プログラムを作成しなさい。

- ヒント 1：背景色は orange，見出しは h1 タグで中央寄せにする。
- ヒント 2：左の猫画像（縦 70px，横 70px）とリンクは下記に示す。画像とリンクは番号付リストを用い div で囲い左寄せ，横幅を 25％ とする。画像をクリックすると各猫サイトへ飛ぶ。
- ヒント 3：リスト各項目 li 内の文字サイズ 0.8em，中央寄せにする。
- ヒント 4：右の文章（下記に示す）は文字サイズを 1.3em にする（幅は指定しない）。
- ヒント 5：Copyright は div で囲い，段組の回り込み解除（clear : both）と中央寄せ（text-align : center）とする。

図 11.6 課題 25 の表示結果

＜画像とリンク＞

- スコティッシュフォールド　Scotish.jpg
  http://www.konekono-heya.com/syurui/scottish_fold.html
- アメリカンショートヘア　American.jpg
  http://www.konekono-heya.com/syurui/american_short_hair.html
- ブリティッシュショートヘア　British.jpg
  http://www.konekono-heya.com/syurui/britishshorthair.html

＜文章＞

猫の種類は 100 以上あるといわれますが，どれも可愛くて何が人気なのかわ

かりづらいものです。本サイトは純血種の猫の人気ランキングからトップ3をご紹介します。純血種を飼うメリットは、その特徴や性格など成長後の様子がほぼ予測がつくことです。長ければ20年以上一緒にいる家族のような猫たち。ライフスタイルに合った猫を選んでください。詳しく知りたい人は、左記の猫の写真をクリックしてください。

【追加課題 6】 図 11.7 になるような HTML プログラムを作成しなさい。

図 11.7　追加課題 6 の表示結果

・ヒント 1：上部と下部は div で囲み背景色は brown，文字色は white とし，文字は h2 で囲む。

・ヒント 2：中部の日記とメニューは div 要素で囲い，日記部とメニューを float で左寄せ (left) とする。

・ヒント 3：下部は div で囲い回り込み解除 (clear : both) を指定する。

・ヒント 4：各部の id 名と幅と高さを次のようにする。
　　上部　　　div#header：幅 600px，高さ 100px
　　日記　　　div#contents：幅 480px，高さ 200px
　　メニュー　div#menu：幅 120px，高さ 200px
　　下部　　　div#footer：幅 600px，高さ 60px

・ヒント 5：3 枚の画像は，幅 100px，高さ 100px に設定し，全体を div で囲い中央寄せする。

<画像>
・朝日：asahi.jpg　　・門松：kadomatu.jpg　　・お供え：osonae.jpg
<リンク>
・お正月とは

https://ja.wikipedia.org/wiki/%E6%AD%A3%E6%9C%88

・正月飾り

https://ja.wikipedia.org/wiki/%E6%AD%A3%E6%9C%88%E9%A3%BE%E3%82%8A

【課題 26】　ヒントを参考に，図 11.8 になるような HTML プログラムを作成しなさい．

図 11.8　課題 26 の表示結果

- ヒント 1：背景画像は unga.jpg を用い，繰り返しは background-repeat : no-repeat で繰り返さない．
- ヒント 2：運河の詳細，小樽運河，小樽の観光地は <div> で囲い，CSS の float 属性をすべて left，幅を順に 150，400，150px とする．
- ヒント 3：全体を幅 700px，高さ 400px のコンテナ div(id=container) で囲い，文字色を white とする．
- ヒント 4：Copyright のフッタは横幅いっぱいなので幅の指定は不要であり，clear:both で回り込みを解除する．

- ヒント5：両サイドのリンクは番号なしリストで並べ，色は黄色にする．
- ヒント6：文字の大きさは，左右ブロックはh4，中央は見出しがh2で，本文はh3とする．
- ヒント7：運河の詳細と小樽の観光地のリンク先
    - ウィキペディア：https://ja.wikipedia.org/wiki/%E5%B0%8F%E6%A8%BD%E9%81%8B%E6%B2%B3
    - クルーズ：http://otaru.cc/
    - ガイド：http://hokkaido-labo.com/otaru-canal-438
    - おたる水族館：http://otaru-aq.jp/
    - 北一硝子：http://www.kitaichiglass.co.jp/
    - 小樽オルゴール堂：http://www.otaru-orgel.co.jp/
- ヒント8：小樽運河の文章

    小樽運河の魅力はなんといっても、その風情のある景観である。岸辺にならぶガス燈は次々と灯りがともり、対岸の石造倉庫群がライトアップ。その温かみある灯りが、運河の水面に映しだされる。なんとも幻想的で情緒がある夜景である。

【追加課題7】 ヒントを参考に，図11.9（3段組）になるようなHTMLプログラムを作成しなさい．

- ヒント1：上部のdiv#headerと下部のdiv#footerの高さは50pxで幅は指定しない．また背景色はbrown，文字色はwhiteとする．
- ヒント2：画像imageと正月情報linkはdiv要素を用い，CSSでfloatをleft，rightとする．日記diaryはCSSの設定はなし．
- ヒント3：div#footerで回り込み解除clear:bothを指定．
- ヒント4：3枚の画像はmoodleからDL，幅50px，高さ50pxに設定．
- ヒント5：3か所の見出しはすべて<h2>を用いる．
- ヒント6：linkは<ul>と<li>を用い，行間隔をline-height=30pxに設定．
- ヒント7：各要素のmarginとpaddingは自由とする．サンプル画像で

11.4 ホームページの背景画像

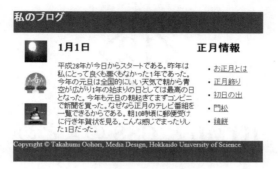

図 11.9 追加課題 7 の表示結果

は，padding も margin も指定していない。

- ヒント 8：正月の 3 枚の画像

  朝日：asahi.jpg　門松：kadomatu.jpg　お供え：osonae.jpg

- ヒント 9：正月情報のリンク先

  - お正月とは：https://ja.wikipedia.org/wiki/%E6%AD%A3%E6%9C%88
  - 正月飾り：https://ja.wikipedia.org/wiki/%E6%AD%A3%E6%9C%88%E9%A3%BE%E3%82%8A
  - 初日の出：https://ja.wikipedia.org/wiki/%E5%88%9D%E6%97%A5%E3%81%AE%E5%87%BA
  - 門松：https://ja.wikipedia.org/wiki/%E9%96%80%E6%9D%BE
  - 鏡餅：https://ja.wikipedia.org/wiki/%E9%8F%A1%E9%A4%85

- ヒント 10：日記の文章

平成 28 年が今日からスタートである。昨年は私にとって良くも悪くもなかった 1 年であった。今年の元旦は全国的にいい天気で朝から青空が広がり 1 年の始まりの日としては最高の日となった。今年も元旦の朝起きてまずコンビニで新聞を買った。なぜなら正月のテレビ番組を一覧できるからである。朝 10 時頃に郵便受けに行き年賀状を見る。こんな感じでまったりした 1 日だった。

HTML と CSS のまとめ

本章では，今まで学んできたことのまとめとして，HTML のタグを列挙し CSS のプロパティとその値についてまとめる。

12.1 HTML のタグのまとめ

本書で取り上げた HTML のタグを**表 12.1** にまとめる。

表 12.1 HTML のタグ

`<body> bgcolor=`	背景色	`<li>`	リスト項目
`<p>`	段落	`<font> color=`	文字色
` `	改行	`<table>`	表
`<h1〜h6>`	見出し	`border`	罫線
`<sub>`	下付き	`bgcolor`	背景色
`<sup>`	上付き	`cellspacing`	罫線1重
`<pre>`	そのまま	`<caption>`	表題
`<hr>`	区切線	`<tr>`	表の行
`<strong>`	強調	`<th>`	表の見出し
`<small>`	小文字	`<td>`	表の列
`<img>`	画像	`<object> data`	メディアファイル
`src=`	画像ファイル	`<video>`	ビデオ
`width=`	幅	`src`	動画ファイル
`height=`	高さ	`controls`	操作卓
`align=`	位置	`<audio>`	オーディオ
`<a>`	リンク	`src`	音楽ファイル
`href=`	リンク先 URL	`controls`	操作卓
`<ul>`	番号なしリスト	`<div>`	ブロック
`<ol>`	番号ありリスト	`<style>`	CSS の開始

12.2 CSS のプロパティと値のまとめ

本書で取り上げた CSS のプロパティ（**表 12.2**）と値（**表 12.3 ～ 12.5**）をまとめる。

表 12.2 プロパティ

color	文字色	style	（境界）スタイル
background-color	背景色	class	クラス（.指定）
background-image	背景画像	id	識別（#指定）
background-repeat	背景繰返し	margin	外の余白
line-height	行間	padding	内の余白
text-align	左右寄せ	float	左右回り込み
font-size	文字の大きさ	clear	回り込み解除
font-family	フォント種類	width	幅
border	境界	height	高さ
border-collapse	境界1重		

表 12.3 文字の大きさ

px	画面の最小単位	cm, mm, in	通常の単位
pt	1/72 インチ	small	小さい (0.8)
em, %	基準からの割合	medium	普通
pc	絶対指定	large	大きい (1.2 倍)

表 12.4 border-style の値

none	線なし	dash	破線
solid	実線	dotted	点線
double	2重線		

表 12.5 border-width の値

px	ピクセル値	medium	普通
thin	細い（ブラウザ依存）	thick	太い（ブラウザ依存）

CSS のプロパティの種類

① フォントサイズ

font-size プロパティで設定。値は em や % 指定のほか，small, medium, large を指定する。相対指定は親要素との比率となる。印刷用スタイルシートでは pt を使う絶対指定も有効である。

② 行の高さ（行送り）

line-height プロパティで行の高さを設定する。値は normal，数字のみ示し，基準値との倍率を示す。line-height:2 と設定する。「行間」は行の高さから 1 を引く。

③ 文字色

color プロパティで文字色を設定。値は色の名前か色コードである。文字色は blue, #3c3, rgb(240, 64, 64), rgb(10%, 10%, 50%) と指定。

④ 位置揃え

text-align プロパティで行位置揃えを設定する。値は left, center, right, justfy（均等割付）。

⑤ 背景色

背景色は body 以外にも指定できる。background-color プロパティで背景色を設定。値は transparent か色。背景色はブロックのほかに文字単位で指定できる。

⑥ 背景画像

background-image プロパティで背景画像を設定する。値は none か url(URI)。

⑦ 背景画像の並び

background-repeat プロパティで画像繰返し方向を設定する。値は repeat, repeat-x, repeat-y, no-repeat。

【課題 27】 次の条件を満たす自分のホームページを自由に作成しなさい。

・条件 1：必ず自分のページであること。

・条件 2：CSS を少なくとも 1 回用いること。

・条件3：2段組か3段組にすること。

・条件4：画像を1枚以上使用すること。

・条件5：リンクを入れること。

・条件6：その他は自由に作ってもよい。

以下は参考ホームページの HTML，CSS と表示結果である。

[**HTML プログラム**]

```
<!DOCTYPE html>
<html>  <head>
<meta charset="UTF-8" />
<title>たかさんのホームページ</title>
<style type="text/css">
      body { width : 700px}
      #left { float  : left; width : 370px; padding-left
            :30px; background-color : springgreen }
      #right{ float  : right; width : 270px; padding-top
            : 40px; padding-left : 30px; background-
            color : mistyrose; }
      #sport{ color   : orange; } #tv { color    :
      green; }
      #idol { color   : red;   }     img.shumi{ margin-
            bottom : -20px; }
      #ind { font-size : 0.8em; margin-left : 20px;
            margin-top : -10px; }
      h5   { margin-bottom : -10px; }
      ol   { line-height: 15px; font-size : 0.8em }
      ul   { line-height: 15px; font-size : 0.8em }
</style>
</head>
<body>
<div id="left">
      <h2><img src="oohori.jpg" width=50 height=50>たかさ
      んのページ
      </h2> 本名は大堀隆文 <br>
```

```
        <h4>研究
        <a href="http://labs.hus.ac.jp/details.php?id=19">
        こんな研究してます</a>
        </h4>
        <hr width=80% align=left>
        <h5>会社設立「教育心研究所」(H28.4予定)</h5>
        <ul>
        <li>教育心研究所の理念<a href="Philosophy.pdf">クリック
        </a></li>
        <li>教育心研究所の事業</li>
        </ul>
        <ul id="ind">
        <li>こころ家庭教師<a href="Heart.pdf">クリック</a></li>
        <li>ふれあい塾<a href="fureai.pdf">クリック</a></li>
        <li>ふれあい本の出版</li>
        </ul>
<hr width=80% align=left>
        <h5>担当講義</h5>
        <ol>  <li>知能情報デザイン特論(大学院1年後期)</li>
        <li>Webデザイン基礎(メディア1年後期)</li>
        <li>ビジュアルプログラミングⅠ(メディア1年後期)</li>
        <li>ビジュアルプログラミングⅡ(メディア2年前期)</li>
        <li>知能情報デザインⅡ(メディア3年後期)</li>  </ol>
        <hr width=80% align=left>
        <h5>著書</h5>
        <ol>  <li>情報学入門(2006年4月)コロナ社　共著</li>
        <li>例題で学ぶJava入門(2012年11月)コロナ社　共著</
        li>
        <li>例題で学ぶJavaアプレット入門(2013年9月)コロナ社共
        著</li>
        <li>例題で学ぶExcel入門(2014年4月)コロナ社　共著</
```

```
          li>
          <li>例題で学ぶ知能科学入門 (2015年9月) コロナ社　共著
          </li> </ol>
          <hr width=80% align=left>
          <h5>所属学会</h5>
          <ol><li>日本ＯＲ学会</li><li>観光情報学会</li><li>電
          子情報通信学会</li>
          <li>情報処理学会</li>　<li>地域観光学会</li>　</ol>
</div>
<div id="right">
          <h4>趣味</h4>
          <p>たかさんの趣味はこんなんです</p>
          <hr width=80% align=left>
          <img class="shumi" src="DSC06408.jpg" width=90
          height=90>
          <div id="sport">
            <h5>好きなスポーツ</h5>
            <ol>　<li>テニス（やる）</li>　<li>スキー（やる）</li>
                  <li>野球（みる）</li>　<li>サッカー（みる）</li>
            </ol>
          </div>
          <hr width=80% align=left>
          <img class="shumi" src="あさが来た.jpg" width=100
          height=80>
          <div id="tv">
              <h5>好きなテレビ番組</h5>
              <ul>　<li>あさが来た</li>　　<li>真田丸</li>
                    <li>ガリレオ</li>　　<li>あまちゃん</li>
                    </ul>
          </div>
          <hr width=80% align=left>
          <img class="shumi" src="Hirose.jpeg" width=100
          height=80>
          <div id="idol">
```

12. HTML と CSS のまとめ

```
            <h5> 好きな歌手・俳優 </h5>
            <ul>
                <li>AKB48</li>           <li> きゃりーぱみゅぱみゅ </li>
                <li> 上野樹里 </li>       <li> 広瀬すず </li>
            </ul>
          </div>
        </div>
      </body>
</html>
```

[**表示結果**]

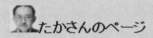

たかさんのページ

本名は大堀隆文

研究 こんな研究してます

会社設立「教育心研究所」(H28.4予定)
- 教育心研究所の理念 クリック
- 教育心研究所の事業
  - こころ家庭教師 クリック
  - ふれあい塾 クリック
  - ふれあい本の出版

担当講義
1. 知能情報デザイン特論(大学院1年後期)
2. Webデザイン基礎(メディア1年後期)
3. ビジュアルプログラミングⅠ(メディア1年後期)
4. ビジュアルプログラミングⅡ(メディア2年前期)
5. 知能情報デザインⅡ(メディア3年後期)

著書
1. 情報学入門(2006年4月)コロナ社 共著
2. 例題で学ぶJava入門(2012年11月)コロナ社 共著
3. 例題で学ぶJavaアプレット入門(2013年9月)コロナ社 共著
4. 例題で学ぶExcel入門(2014年4月)コロナ社 共著
5. 例題で学ぶ知能科学入門(2015年9月)コロナ社 共著

所属学会
1. 日本OR学会
2. 観光情報学会
3. 電子情報通信学会
4. 情報処理学会
5. 地域観光学会

趣味

たかさんの趣味はこんなんです

好きなスポーツ
1. テニス(やる)
2. スキー(やる)
3. 野球(みる)
4. サッカー(みる)

好きなテレビ番組
- あさが来た
- 真田丸
- ガリレオ
- あまちゃん

好きな歌手・俳優
- AKB48
- きゃりーぱみゅぱみゅ
- 上野樹里
- 広瀬すず

JavaScript

 本章では，アニメーションや文字や画像がユーザの操作などにより動的に変化するページを記述するプログラム言語である JavaScript について述べる。

13.1　JavaScript とは

 JavaScript は HTML ファイルの中に直接記述し，Web 上で対話的表現をするために開発されたオブジェクト指向のスクリプト言語である。HTML 内にプログラムを埋め込むことで，Web ページにさまざまな機能を付加できるため，HTML や CSS では表現できないユーザの動きに応じたものを作ることができる。例えば，マウスの動きにあわせてデザインが変化する複雑な Web ページを作り出すことができる。

 従来 Web ページは，印刷物のような静的な表現しか作れなかったが，JavaScript の登場により幅広い動的表現が可能となった。

13.1.1　JavaScript の指定方法

 JavaScript の指定方法には内部組込み法と外部ファイル法があり，それぞれ特徴がある。内部組込み法は，HTML の中に script タグを配置し，その中に JavaScript を組み込む。script タグの内容はその HTML のみで有効となる。特定ページでのみ適用したい JavaScript に有効である。

 一方，外部ファイル法は，HTML ファイルとは別に JavaScript ファイル（.js ファイル）を用意し，head タグ内に script タグを記述して JavaScript ファイ

① 内部組込み JavaScript の指定方法

HTML 文書の `<script>` タグの中に JavaScript そのものを記述する。

```
<head>
<script type="text/css">
var i;
for (i=1; i<=5; i++) document.write("テスト")   ← JaveScript
</script>
</head>
```

② 外部 JavaScript ファイルの指定方法

これは HTML 文書に JavaScript ファイル参照指定：`<script src="`○○`.js"></script>` と，外部 JavaScript ファイル（○○.js）の記述が必要である。ここで，.js ファイルは JavaScript ファイルのことである。

本書では，HTML ファイルと JavaScript ファイルが分かれると混同して混乱する場合がある。したがって，理解のしやすさを優先して，HTML と JavaScript を一つのファイルに記述する「内部組込み JavaScript」を用いる。

13.1.2 JavaScript のオブジェクトとは

JavaScript では，特定の「オブジェクト」に対しての属性（プロパティ）を変更したり，何らかの操作をしたり（メソッド）する。ここで，オブジェクトとは「もの」のことで，Web の世界ではウィンドウやドキュメント，フレームなどを指す。

オブジェクトのプロパティを調べるには，オブジェクトとプロパティを「.」でつないで記述する。例えば，ブラウザ上の HTML 文書である document オブジェクトはタイトルプロパティ title をもつ。これを取得するには document.title と書く。実際にはこれだけでは何も起こらず，取得されたタイトルを画面などに表示する操作（メソッド）を記述する必要がある。

一方，オブジェクトに何らかの操作をするために用いるメソッドは，オブ

ジェクトとメソッドを「.」でつないで記述する。例えば，document 上に「こんにちは」という文字を表示させるには，write メソッドを用いて，document.write("こんにちは"); と書く。

【例 13.1】 文字列の表示

JavaScript により document の write メソッドを用いて「こんにちは」と表示する。

[**HTML** プログラム]

```
<!DOCTYPE html>
<html> <head>
        <meta charset="UTF-8" />
        <title>画面に文字を表示</title>
</head>
<body>
        <script>
            document.write("こんにちは");
        </script>
</body> </html>
```

[表示結果]

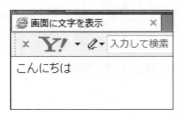

【例 13.2】 文字列の表示と改行

JavaScript により <title> タグの内容「画面に文字を表示」(ページのタイトル) を表示した後，改行後，document の title プロパティに「私のページ」と設定し表示する。

 ・ヒント 1：document の title プロパティに「私のページ」と設定するには，document.title="私のページ" とする。
 ・ヒント 2：次に JavaScript で改行を行うには，document.write の中に
 を入れる。

[**HTML プログラム**]

```
<!DOCTYPE html>
<html> <head>
      <meta charset="UTF-8" />
      <title>画面に文字を表示</title>
</head>
<body>
      <script>
         document.write(document.title+"<br />");
         document.title="私のページ";
         document.write(document.title);
      </script>
</body> </html>
```

[**表示結果**]

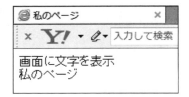

13.2 JavaScript の制御構造

13.2.1 反 復 文

JavaScript も他の言語と同様にいろいろな反復文が用意されている。ここでは最もよく使われる for 文について述べる。for 文は for (i= ① ; ② ; i=i+1) { ③ } のように記述する。①には i の初期値, ②には反復（継続）条件, ③は反復の中身が入る。反復は i の値が 1 ずつ増加し反復条件が満たさなくなるまで継続する。

【例 13.3】 文字列表示の繰返し

北海道万歳！の表示を縦に 5 回繰り返す。

［**HTML** プログラム］

```
<!DOCTYPE html>
<html>
<head>
    <meta charset="UTF-8" />
    <title> 反復文 </title>
</head>
<body>
    <script>
    var i;
    for (i=1; i<=5; i=i+1) {
    document.write(" 北海道万歳！<br>");
    }
    </script>
</body>
</html>
```

［表示結果］

【例 13.4】 画像の表示と繰返し

少年と少女の gif 画像を横 2 列縦 3 列で表示する。

・ヒント：画像は HTML の img タグを用い，プロパティとして src=" 画像ファイル " を指定し，JavaScript の document.write 文の中に記述する。

［**HTML** プログラム］

```
<!DOCTYPE html>
<html>   <head>
    <meta charset="UTF-8" />
    <title> 反復文 </title>
```

```
</head>
<body>
    <script>
        var i;
        for (i=1; i<=3; i=i+1) {
            document.write("<img src='boy.gif'>");
            document.write("<img src='girl.
            gif'>+<br>");
        }
    </script>
</body> </html>
```

[表示結果]

【例 13.5】 画像の読み込みと表示の繰返し

変数と for 文を用いて 1 〜 10 の数字画像を表示する。

・ヒント：画像ファイルには連番（num1.gif 〜 num10.gif）がついているので，for 文の変数 i をファイル名に一部と関連づける。

[HTML プログラム]

```
<!DOCTYPE html>
<html>
<head>
    <meta charset="UTF-8" />
    <title> 数字画像の表示 </title>
```

```
</head>
<body>
    <script>
        var i;
        for (i=1; i<=10; i=i+1) {
            document.write("<img src=num"+i+".gif>");
        }
    </script>
</body>
</html>
```

［表示結果］

【例 13.6】 関数の利用による画像表示

　画像（img）と個数（n）を入力したときにその画像を n 回表示する関数 disp(img,n) を作成し，関数呼び出しにより，パフェの画像 pafe.jpg を 3 回，アイスクリーム icecream.jpg を 4 回表示する。

［**HTML プログラム**］

```
<!DOCTYPE html>
<html>
<head>
    <meta charset="UTF-8" />
    <title>関数で画像数の変化</title>
    <script>
        function disp(img,n) {
            var i;
            for (i=1; i<=n; i=i+1) {
                document.write("<img src='"+img+"'>");
            }
            document.write("<br>");
```

```
            }
        </script>
</head>
<body>
    <script>
        disp("pafe.jpg",3);
        disp("icecream.jpg",4);
    </script>
</body>
</html>
```

[表示結果]

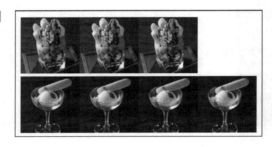

13.2.2 判 断 文

JavaScript も他の言語と同様に判断文 if が用意されている。if 文は if （ ①) { ② } else { ③ } のように記述する。①には判断基準の条件式，②には①の条件が真（正しい）のときの処理，③には①の条件が偽（誤り）のときの処理を記述する。

【例 13.7】 オブジェクトの利用と判断文

時刻情報をもつ定義済みオブジェクト Date を用いて，today=new Date() により今日の日付を求め，Date のメソッド today.getHours() により現在時刻を求め，さらに時刻が午前ならば背景を青色，午後ならば背景を黄色にする。

[**HTML プログラム**]

```
<!DOCTYPE html>
<html>
<head>
    <meta charset="UTF-8" />
    <title>午前午後で背景色を変える</title>
</head>
<body>
    <script>
    var today=new Date();
    var h=today.getHours();
    if (h<12) {
        document.bgColor="blue";
        document.write("AM Version<br>");
    }
    else {
        document.bgColor="yellow";
        document.write("PM Version<br>");
    }
    </script>
</body>
</html>
```

[表示結果]

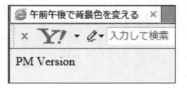

13.3 JavaScript のイベント処理

　イベントとはあらかじめ定められた特定事象を指し，それが起こるときに実行させる処理を登録できる。JavaScript では「ページ読み込みが終わるとき」

とか「要素にマウスカーソルを重ねたとき」などがイベントに該当する。マウスのカーソルを重ねるをイベントに関連づけた処理として組み込めば,「マウスオーバーしたら色を変える」とか「要素をクリックでフォントサイズが大きくなる」という動的な処理を行うことができる。最近の CSS ではマウスオーバーしたらデザインを変更する程度のイベント処理は実装可能になったが,JavaScript ではより幅広い処理を構築することができる。

【例 13.8】 マウスイベントの例

イメージ上にマウスカーソルが入ったときは男の子（boy.gif），カーソルが出たときは女の子（girl.gif）を表示する。

- ヒント 1：初期画像は boy.gif で，マウスが画像から出たときにイベント onMouseOut が発生し，out1 関数が呼ばれ，オブジェクトのソース（src）を girl.gif に設定する。
- ヒント 2：マウスが画像に入ってきたときはイベント onMouseOver が発生し，over1 関数が呼ばれ，オブジェクトの src を boy.gif に設定する。
- ヒント 3：イメージ id=image のオブジェクトは obj=document.getElementById("image") で取得する。

[**HTML プログラム**]

```
<!DOCTYPE html>
<html lang="ja">
<head>
    <meta charset="UTF-8" />
    <title>マウスオーバーで画像変更</title>
    <script>
        var flag=true;
        function over() {
            var obj=document.getElementById("image");
            obj.src="girl.gif";
        }
        function out() {
            var obj=document.getElementById("image");
```

```
                obj.src="boy.gif";
        }
        </script>
</head>
<body>
        <img id="image" src="boy.gif" onMouseOver="over()"
onMouseOut="out()" ">
</body>
</html>
```

[表示結果]

【例 13.9】 タイマーイベントによる画像の表示

500ミリ秒間隔で画像（boy.gif）と画像（girl.gif）を交互に表示する。

- ヒント1：イベントはonLoadを用い，プログラムが読み込まれたときにイベントが発生し，関数disp()を呼ぶ。
- ヒント2：関数disp()はタイマーsetTime("disp()",500)を用いて，500ミリ秒おきに実行する。
- ヒント3：画像はDOM（Document Object Model）によりobj=document.getElementById("image")によりHTML要素と関連づけて，objのプロパティsrcを変えることにより画像表示を変える。
- ヒント4：どちらの画像にするかは，変数flagを1と2に変化させることにより決定する。

[HTMLプログラム]

```
<!DOCTYPE html>
```

```html
<html>
<head>
    <meta charset="UTF-8" />
    <title>タイマーで画像変更</title>
    <script>
        var flag=1;
        function disp() {
            setTimeout("disp()",500);
            var obj=document.getElementById("image");
            if (flag==2)
                obj.src="girl.gif";
            else
                obj.src="boy.gif";
            if (flag==1)  flag=2;  else flag=1;
        }
    </script>
</head>
<body onLoad="disp()">
    <img id="image" src="boy.gif" >
</body>
</html>
```

［表示結果］

【課題28】 図13.1のように画像変更のボタンを押すたびに画像を変更するHTMLプログラムを作成しなさい。

・ヒント1：画像は<img>タグ，ボタンは<input type="button">で配置する。

・ヒント2：イベントはボタンのonClickLoadを用い，ボタンが押される

ごとにイベントが発生し，画像を変更する関数 change() を呼ぶ。
- ヒント 3：オブジェクト obj の獲得は DOM の getElementById を用い，obj.src に画像ファイルを代入する。
- ヒント 4：変数 flag を用い，男の子の画像のとき 1，女の子のとき 2 をとり，クリックするごとに if 文で 1 を 2 に，2 を 1 に変更する。

図 13.1　課題 28 の出力結果

【課題 29】　図 13.2 のように，JavaScript を用いてボタンをクリックするたびに画像が 1.5 倍に拡大する HTML プログラムを作成しなさい。
- ヒント 1：DOM を使用するために画像の ID を image とする。幅は width，高さは height で設定する。
- ヒント 2：ボタンは `<input type="button" value=" 拡大 ">` で配置する。
- ヒント 3：イベントはボタンをクリックしたときに発生し，画像を拡大する関数 change() を呼ぶ。
- ヒント 4：関数 change() では，DOM の getElementById によりオブジェクト obj を獲得し，画像への参照を obj.src のように行う。

図 13.2　元の画像と 1.5 倍に拡大した画像

- ヒント5：関数 change() では，幅 obj.width=1.5*obj.width, 高さ obj.height = 1.5* obj.height で画像の大きさを更新する．

【課題30】 「前へ戻る」ボタンで前の画像，「先へ進む」ボタンで後ろの画像を表示するスライドショーを実現する HTML プログラムを作成しなさい．画像は image フォルダにあり，pic1.jpg 〜 pic5.jpg の5枚である．（**図 13.3**）

- ヒント1：img タグの src 属性で初期画像を指定し，width=100, height=150 で幅と高さを指定する．
- ヒント2：JavaScript から画像を制御するために，画像に id="image" で id 属性を指定する．
- ヒント3：画像の横に二つのボタンを，<input type="button"> で配置し，value 属性でボタンに表示する文字「前へ戻る」「先へ進む」を指定する．
- ヒント4：onClick 属性でボタンを押した（イベントが発生）ときに呼び出す関数「back」「next」を指定する．
- ヒント5：オブジェクト obj の獲得は DOM の getElementById を用い，obj.src に画像ファイルを代入する．
- ヒント6：変数 i をスライド番号として，プログラム中で増減，関数 back() では i を1減らし，関数 next() では i を1増やす．
- ヒント7：画像は1〜5なので，back() では i が1未満，next() では5超にならないように if 文で i を調整する．画像の指定は，"pic"+i+".jpg" とする．

図 13.3 課題 30 の出力結果（1番（pic1.jpg）と2番（pic2.jpg）の画像

【課題31】 図13.4のように,「前へ戻る」ボタンで前の画像,「先へ進む」ボタンで後ろの画像を表示する5枚のスライドショーを実現するHTMLプログラムを作成しなさい。ただし,1枚目の前は5,5枚目の次は1とすること。画像はimageフォルダにあり,pic1.jpg～pic5.jpgの5枚である。

- ヒント1：imgタグのsrc属性で初期画像を指定し,width=100,height=150で幅と高さを指定する。
- ヒント2：JavaScriptから画像を制御するために,画像にid="image"でid属性を指定する。
- ヒント3：画像の横に二つのボタンを,<input type="button">で配置し,value属性でボタンに表示する文字「前へ戻る」「先へ進む」を指定する。
- ヒント4：onClick属性でボタンを押した（イベントが発生）ときに呼び出す関数「back」「next」を指定する。
- ヒント5：オブジェクトobjの獲得はDOMのgetElementByIdを用い,obj.srcに画像ファイルを代入する。
- ヒント6：変数iをスライド番号として,プログラム中で増減,関数back()ではiを1減らし,関数next()ではiを1増やす。
- ヒント7：画像の指定は"pic"+i+".jpg"とする。画像は1～5なので,if(i<1)i=5で1枚目の前を5,if(i>5)i=1で5枚目の次を1にする。

図13.4 課題31の出力結果（3番（pic3.jpg），4番（pic4.jpg），5番（pic5.jpg）の画像

あ と が き

　学生のモチベーションを保ちながら Web デザインの基礎を習得し，誰もが容易にホームページを作成できることを目的として，学生が興味を覚えそうな例や課題を中心に，できるだけわかりやすいテキストを作成したつもりである．しかし，われわれの目標は達成できただろうか？　そもそも本書を手に取って読んでくれるだろうか？　数百冊以上ある市販の Web デザインやホームページ作成の本の中から本書を選んでもらう方法をこれから考えなければならない．

　本書を読んで「Web デザインが好きになった」，「ホームページの作り方がわかった」という人からの口コミ，著者の先生方のブログなどでの啓蒙活動，あるいは，「本書を手に取ってもらうための本」が必要かもしれない．

　一旦手に取ってもらえば，豊富な興味のある例と課題を解き，あるいはわかりやすい説明を読むことによりモチベーションは上がり，楽しくリラックスして Web デザインを学ぶことができると確信する．是非，本書を読んで 1 人でも Web デザインやホームページ作成が好きな学生が現れることを願っている．

　札幌の街は，短い夏を惜しむように老若男女が満ちあふれている．日が陰るとどこからともなくジョッキのぶつかる音と夏を満喫している話し声が聞こえてくる．降りそそぐ星空の下，ジョッキ片手に幸せを感じながら本稿を書いている．

2016 年 7 月

札幌大通りビアガーデンにて

著者代表　大堀隆文

索引

【あ】
アニメーション　　　163

【い】
位置揃え　　　96, 158
イベント処理　　　171
インストール　　　7, 8
インターネット　　　3

【う】
上付き文字　　　23

【お】
オブジェクト　　　164
オープンソース　　　6
オールインワン　　　8

【か】
改行　　　20
解凍　　　9
外部CSSファイル　　　87
外部JavaScriptファイル　　　164
拡張子　　　76
画像表示　　　33, 71
画面キャプチャ　　　16
カラーコード　　　46
カラーネーム　　　46

【き】
行送り　　　158
行頭のインデント　　　96
行の高さ　　　96, 158

【く】
区切り線　　　25
クラスセレクタ　　　99, 101
グループセレクタ　　　99, 100

【け】
罫線　　　65

【し】
下付き文字　　　22
順番のあるリスト　　　41
順番のつかないリスト　　　39
肖像権　　　32

【せ】
絶対パス　　　53
セレクタ　　　98
全称セレクタ　　　99, 106

【そ】
相対パス　　　52
ソースコード　　　4

【た】
ダウンロード　　　7, 9
タグ　　　156
段組解除　　　133
段落　　　19

【ち】
著作権　　　32
著作者人格権　　　32
著作隣接権　　　32

【つ】
強い強調　　　26

【て】
テキストエディタ　　　6
データベース　　　60
デバッグ　　　15
デファクトスタンダード　　　6

【な】
内部組込みCSS　　　86
内部組込みJavaScript　　　164

【に】
入力通り　　　24

【は】
背景　　　88
背景画像　　　96, 145, 158
背景画像の並び　　　158
背景色　　　44, 69, 96, 158
ハイパーテキスト　　　3
ハイパーリンク　　　50
パディング　　　109, 112
判断文　　　170
反復文　　　166

【ひ】
非推奨　　　82
非推奨属性　　　82
非推奨要素　　　82
ひとまわり小さく　　　27
表　　　60
表計算　　　60

【ふ】
フォント　　　93
フォントウェイト　　　95
フォントサイズ　　　95, 158
フォントスタイル　　　95
ブラウザ　　　1, 2
プラグイン　　　8
プロジェクト　　　12
プロトコル　　　2
プロバイダ　　　1
プロパティ　　　156, 157

【ほ】
ボーダー	109, 114
ボックスモデル	109, 110

【ま】
マーカー	40
マージン	109, 110

【み】
見出し	19

【も】
文字位置	90
文字間隔	96
文字サイズ	92
文字色	45, 89, 96, 158
文字装飾	96

【よ】
要素セレクタ	99

【り】
リスト	39
リンク	72

【わ】
ワークスペース	10

【A】
align	36
audio 要素	80

【C】
CSS	1, 4, 15, 85, 157

【D】
div タグ	122
DOM	173

【E】
Eclipse	6
em	93, 121
ex	93

【F】
FlashPlayer	78
float の機能	128
font-size	121

【G】
GIF	30

【H】
H264	79
HTML	1, 3, 6, 156
HTML5	15
HTTP	3

【I】
ID セレクタ	99, 104

【J】
Java	6
JavaScript	163
JPEG	30

【L】
LiveAudio	80

【M】
MIDPLUG	80
MIME タイプ	77
MP4	79

【P】
PDF ファイル	76
Pleiades	8
PNG	31
pt	93
px	93, 121
Python	7

【Q】
QuickTime	78

【R】
Ruby	7

【S】
SEO	85
SEO 対策	29

【U】
URL	1

【V】
video 要素	79

【W】
Web サーバ	2
WWW	1, 3

【Z】
zip ファイル	9

【数字】
1 段組レイアウト	126
2 段組レイアウト	126, 128
3 段組レイアウト	135
16 進 rgb	43

【記号】
%	93
<!DOCTYPE>	18
<body>	18
<caption> タグ	61
<head>	18
<html>	18
<meta>	18
<object> タグ	76
<table> タグ	61
<td> タグ	62
<th> タグ	62
<title>	18
<tr> タグ	62
<video>	79

―― 著者略歴 ――

大堀　隆文（おおほり　たかふみ）
1973年　北海道大学工学部電気工学科卒業
1975年　北海道大学大学院工学研究科修士課程
　　　　修了（電気工学専攻）
1978年　北海道大学大学院工学研究科博士後期
　　　　課程修了（電気工学専攻）
　　　　工学博士
1978年　北海道工業大学講師
1981年　北海道工業大学助教授
1993年　北海道工業大学教授
2014年　北海道科学大学教授（名称変更）
2016年　北海道科学大学名誉教授

木下　正博（きのした　まさひろ）
2003年　博士（工学）（北海道大学）
2004年　北海道工業大学講師
2005年　北海道工業大学助教授
2010年　北海道工業大学教授
2014年　北海道科学大学教授（名称変更）
　　　　現在に至る

例題で学ぶ Web デザイン入門
Introduction to Web Design with Examples
　　　　　　　　Ⓒ Takafumi Oohori, Masahiro Kinoshita 2016

2016年10月26日　初版第1刷発行　　　　　　　　　　　　　★

検印省略	著　者　大　堀　隆　文	
	木　下　正　博	
	発行者　株式会社　コロナ社	
	代表者　牛来真也	
	印刷所　萩原印刷株式会社	

112-0011　東京都文京区千石 4-46-10
発行所　株式会社　コロナ社
CORONA PUBLISHING CO., LTD.
Tokyo　Japan
振替 00140-8-14844・電話(03)3941-3131(代)
ホームページ http://www.coronasha.co.jp

ISBN 978-4-339-02863-8　　（大井）　　（製本：愛千製本所）
Printed in Japan

本書のコピー，スキャン，デジタル化等の
無断複製・転載は著作権法上での例外を除
き禁じられております。購入者以外の第三
者による本書の電子データ化及び電子書籍
化は，いかなる場合も認めておりません。

落丁・乱丁本はお取替えいたします

メディア学大系

(各巻A5判)

■第一期 監　　修　相川清明・飯田　仁
■第一期 編集委員　稲葉竹俊・榎本美香・太田高志・大山昌彦・近藤邦雄
　　　　　　　　　榊　俊吾・進藤美希・寺澤卓也・三上浩司（五十音順）

配本順			頁	本体
1.（1回）	メディア学入門	飯田　仁 近藤邦雄 稲葉竹俊 共著	204	2600円
2.（8回）	CGとゲームの技術	三上浩司 渡辺大地 共著	208	2600円
3.（5回）	コンテンツクリエーション	近藤邦雄 三上浩司 共著	200	2500円
4.（4回）	マルチモーダルインタラクション	榎本美香 飯田　仁 相川清明 共著	254	3000円
5.	人とコンピュータの関わり	太田高志 著		
6.（7回）	教育メディア	稲葉竹俊 松永信介 飯沼瑞穂 共著	192	2400円
7.（2回）	コミュニティメディア	進藤美希 著	208	2400円
8.（6回）	ICTビジネス	榊　俊吾	208	2600円
9.（9回）	ミュージックメディア	大山昌彦 伊藤謙一郎 吉岡英樹 共著	240	3000円
10.（3回）	メディアICT	寺澤卓也 藤澤公也 共著	232	2600円

■第二期 監　　修　相川清明・近藤邦雄
■第二期 編集委員　柿本正憲・菊池　司・佐々木和郎（五十音順）

11.	自然現象のシミュレーションと可視化	菊池　司 竹島由里子 共著	
12.	CG数理の基礎	柿本正憲 著	
13.	音声音響インタフェース実践	相川清明 大淵康成 共著	
14.	映像メディアの制作技術	佐々木和郎 上林憲行 羽田久一 共著	
15.	視聴覚メディア	近藤邦雄 相川清明 竹島由里子 共著	

定価は本体価格＋税です。
定価は変更されることがありますのでご了承下さい。

図書目録進呈◆